夏克梁钢笔建筑写生与解析

XIAKELIANG GANGBI JIANZHU XIESHENG YU JIEXI

（第2版）

夏克梁 著

东南大学出版社
·南京·

图书在版编目（CIP）数据

夏克梁钢笔建筑写生与解析／夏克梁著．—2版．—南京：东南大学出版社，2009.1（2024.1重印）

ISBN 978-7-5641-1487-9

Ⅰ．①夏… Ⅱ．①夏… Ⅲ．①建筑艺术—钢笔画：写生画—技法（美术） Ⅳ．TU204

中国版本图书馆CIP数据核字（2008）第188278号

夏克梁钢笔建筑写生与解析（第2版）

著　　者	夏克梁
出版发行	东南大学出版社
地　　址	南京四牌楼2号　（邮编：210096）
出 版 人	白云飞
网　　址	http://press.seu.edu.cn
电子邮件	press@seu.edu.cn
印　　刷	江苏凤凰扬州鑫华印刷有限公司
开　　本	889 mm×1 194 mm　1/16
印　　张	13.5
字　　数	346 千
版 印 次	2024年1月第2版第13次印刷
书　　号	ISBN 978-7-5641-1487-9
印　　数	36501～37500
定　　价	55.00元

本社图书若有印装质量问题，请直接与营销部调换。电话（传真）：025-83791830

序 言

　　钢笔是舶来品。跨过漫长的历史，追溯到公元七世纪，鹅毛管笔已经开始在欧洲使用，并逐渐成为主要的书写工具。文艺复兴时期，很多画家都用这种笔绘制他们的创作稿和素材稿，留下了很多经典之作，成为后代画家的学习范本。十七世纪以后，印刷出版业开始蓬勃发展，新的印刷制版方式代替了旧时的凸版印刷技术，钢笔画开始进入商业领域，商家们邀请艺术家用钢笔来绘制各种插图和装饰画。十九世纪末，自来水笔的研制出现，通常意义上的钢笔工具才得到普及，钢笔画也得到了进一步的发展，成为一门独立的画种。从此，钢笔画被广泛地运用于各种插画、连环画的创作和建筑物的表现中。钢笔画的工具不仅仅停留在蘸水笔和自来水笔当中，而是拓展到各类签字笔、针管笔、圆珠笔；钢笔画的含义也从原来以钢笔为工具绘制的画，逐渐衍生为凡是绘制出的线条与钢笔线条相似的画。这也为钢笔爱好者和钢笔画家提供了更广阔的艺术表现空间。

　　钢笔画传入我国之后，因其携带方便，书写自如，笔触清新刚劲，备受建筑师们的喜爱。很多建筑师把它作为表达设计意念的首选工具。近几年来，一些建筑、规划和室内设计专业将钢笔画融入到设计初步和美术基础课之中，有的院校甚至将其作为一门单独的基础课程。学生可以集中精力对钢笔画的表现手法进行研究和探索，锻炼了对建筑的表现能力，提高了建筑绘画的素养，为今后的设计工作奠定了扎实的基础。

　　作者从事环艺专业教学工作多年，一直担任《建筑钢笔写生》、《设计快速表现》、《室内设计》等相关课程的教学，因为多年的教学和设计实践经验，深感到基础教学的重要性。建筑钢笔写生作为造型基础课的重要内容之一，是建筑或环艺设计专业必须要掌握的一项技能。

　　建筑写生的内容十分广泛，包括建筑造型、结构、空间、材质、光影、环境等诸多方面。通过写生，可以培养学生对客观对象的正确观察、对建筑的直觉感知，增强立体空间意识，提高个人的艺术

修养。同时,可以锻炼学生组织画面的能力、概括表现的能力和形象记忆的能力。借助写生建筑还可以研究建筑和环境的关系,研究、掌握自然界的变化规律,以及建筑物在特定的瞬间和环境中的变化规律,为后续的《设计快速表现》积累更多的视觉符号和素材,也使今后的艺术创作更贴近于真实。

    本书收入的所有作品均是作者近几年在平日教学之余和寒暑假期间进行写生的作品。在原《钢笔建筑写生与创作》的基础上,根据广大读者的要求,舍弃原书的创作部分的内容,使本书作为钢笔建筑写生的内容更加纯粹,并加入了作者部分新的作品和体会。作者将写生过程中的一些心得直接表述在图面上,意在使阅读更为直观,以便与读者进行更好的交流和探讨。

夏克梁

2008年10月

CONTENT
目 录

钢笔建筑写生 …………………………………………… 002
一、观察 ………………………………………………… 007
二、取景 ………………………………………………… 024
三、构图 ………………………………………………… 040
四、表现 ………………………………………………… 062
  1. 线描画法 …………………………………………… 064
    a. 同一粗细线条组合 ……………………………… 064
    b. 不同粗细线条组合 ……………………………… 084
  2. 明暗画法 …………………………………………… 094
  3. 综合画法 …………………………………………… 104
  4. 快速画法 …………………………………………… 130
五、画面处理 …………………………………………… 142
  1. 概括 ………………………………………………… 144
  2. 取舍 ………………………………………………… 158
    a. 取 ………………………………………………… 158
    b. 舍 ………………………………………………… 164
  3. 对比 ………………………………………………… 172
    a. 虚实对比 ………………………………………… 172
    b. 黑白对比 ………………………………………… 180
    c. 面积对比 ………………………………………… 188
    d. 疏密对比 ………………………………………… 192
  4. 调整 ………………………………………………… 206

■ 钢笔建筑写生

建筑画是建筑设计师将设计意念传达给他人的一种形象的语言,是建筑、规划、室内设计工作者必须要掌握的一门基本技能。建筑画是建筑艺术和绘画艺术交叉的学科,是表现和研究"建筑美"的绘画艺术。长期以来,建筑写生是建筑、规划、室内专业的重要基础课程,学生在学习中体会到建筑写生与建筑画在艺术造型规律上的一致性和共同点尤为重要。通过写生,学生可深入地观察和表现所要表达的对象,从而培养敏锐地观察对象和概括地表现对象的能力。

建筑写生是指画家在进行艺术创作活动时,以客观的建筑物为依据,进行描绘的一种绘画表现形式。这种将物象转变为图形的创作活动,是通过画家对形体的组合、色彩的搭配、技法的运用等来构成画面中的次序感和形式美感,所展示的艺术效果也是画家个体的精神体现。写生目的和意识的不同,反映在画面上,绘画表达形式和情调也将会有所差异。根据专业学习的特点,建筑院校及室内专业的学生在写生练习时,应有别于艺术院校的写生练习,更要注重表现建筑的形式美、结构美、材料美以及建筑与环境的依从关系,从而培养学生严谨的造型能力,扎实的写实功底和对物体的塑造能力,以及对建筑的认知和理解能力。通过写生,可以积累更多的经验,有助于今后的建筑画创作。

一、观察

写生过程是一个观察的过程,通过观察能识别建筑形体及形体中各种复杂微妙的变化,同时也训练眼睛对色彩敏锐的反应能力。观察是建筑写生不可缺少的步骤。面对建筑物,我们首先要从不同角度和同一角度的不同距离进行反复观察、比较,体会建筑物外部形体和内在神韵的变化,使自己对建筑物有个深刻的认识,然后选择能体现建筑形态特征的最佳视角和最佳距离。当确定好作画角度和位置时,再进一步进行观察研究。

二、取景

取景首先意味着选择,从复杂的自然环境中努力选择那些即将进入画面的视觉元素,使视觉感到愉快且形式上具有吸引力。选择时,要注意建筑主体或建筑的某一局部占有重要的位置,以突出主体。主体与环境的安排要有主次和层次,通常以主体和其周边的环境或近、中、远景来组成画面的空间层次关系,其在画面中占有的位置、形状、大小就是画面分割的关系。取景时,可通过取景框观察远、中、近景的层次关系,取景框可以是手势、自制纸板取景框或是借助数码照相机的取景屏幕。然后分析一下哪里是视觉中心,哪里是需要淡化的,以及各个景物在画面中所占的位置、比例关系。

三、构图

构图是指画面的结构,而结构是由众多视觉元素有机地组合而成。组合时要按美的法则进行,形成对比而又统一的视觉平衡。

钢笔画不宜修改,要求作画时首先要对整个画面有一个统筹的思考,养成意在笔先的习惯。初学者可先用铅笔起稿,把握画面的大致尺度,也可以先用小图勾勒的方式来推敲构图,以便在写生过程中驾驭整个画面。画面布局时,应注意画面趣味中心(即主体)的确立。主体的位置安排要根据场景的内容而定。一般情况下,主体不宜置于画面的最中心位置,过于居中,会使人感到呆板。但也不要太偏，太偏又会给人带来主题不够突出的感觉，而应该是置于画面的中心附近。

均衡是构图在统一中求变化的基本规律。均衡是以重量均衡感比喻所描绘物象在画面中安排的合理性，画面上下、左右物象的形状、大小的安排应给人以视觉上的重量均衡感和安定感。构图时，还要注意画面图形（正形）和留白（负形）处的面积对比。正形过大，给人一种拥挤与局促的视觉印象，使人感到压抑。而过小又会给人一种空旷与稀疏的视觉印象。写生中，构图经常是一个全过程的经营，不到最后一笔，很难说完成，只有将构图的艺术与表现手法完美结合，才能够创造出艺术性较强的钢笔画。

四、表现

长期以来，钢笔作为最便捷的写生工具备受建筑师和画家们的青睐。钢笔画与其他画种有着同样的审美特点，且逐渐形成自己的体系，成为一种独立的画种。钢笔画的绘制十分简便，且笔调清劲，轮廓分明，其线条非常适宜于表现建筑的形体结构，因此，钢笔画是建筑写生中最常见的一种表现形式。线条和点是钢笔画中最基本的组成元素，具有强烈的概括力和细节刻画力。通过点以及长短、粗细、曲直等徒手线条的组合

和叠加，来表现建筑及环境场所的形体轮廓、空间体积、光影变幻以及不同材料的质感等。线条在画面中的不同运用和组合，反映出不同表现形式的画面效果。技法是画者将对对象的认识和理解，转化为具有美感的艺术形象的手段。因此，在写生过程中，要努力探索各种不同的表现技法，以不断丰富自己的表现能力。

1. 钢笔线描式画法

线描是绘画造型艺术中最基本的表现手段之一。这种画法吸取了中国画中的工笔画法，表现的对象轮廓清晰，线条光洁明确，是研究建筑形体和结构的有效方法。写生时，要求作画者不受光影的干扰，排除物象的明暗阴影变化，通过对客观物体作具体的分析，准确抓住对象的基本组织结构，从中提炼出用于表现画面的线条。以画出建筑（物体）的轮廓、面的转折及细部的结构线为主，建筑的空间关系可通过线的浓淡或疏密组合及透视关系来表达。不同线条在画面中的穿插组合，根据其特性以及在画面中的运用，钢笔线描式画又可分为三种表现形式：①同一粗细的线条描绘内外轮廓及结构线，用笔着力均匀，线条的粗细从起始点到终端保持一致，靠同一粗细线条的抑扬顿挫来界定建筑的形象与结构，是一种高度概括的抽象手法。这种画法在造型上有一定的难度，容易使画面走向空洞与平淡，完全要依靠线条在画面中合理组织与穿插对比来表现建筑的空间关系。②用粗细线相结合的方法来表达建筑的空间关系。粗线用来描绘建筑形体的大轮廓线，细线则表达形体中的内部结构或表面肌理，从而使建筑形体之间层次分明。这种表现方法整体感较强，画面的空间层次也较分明，其缺点是画面显得有些呆板。③以粗细、轻重、虚实等不同性质的线条在同一画面中的穿插与组合，表达建筑的结构层次。在描绘过程中，应根据空间的主次和前后关系以及画面处理的需要，选择不同性质的线条，画面会显得活泼生动。但线条的粗细、轻重如搭配不当，也将导致画面平均与分散，无主次关系。

2. 钢笔明暗式画法

在光的作用下，物体会呈一定的明暗对比关系，称明暗关系，明暗画法就是运用丰富的明暗调子，来表现物体的体感、量感、质感和空间感等。明暗画法是研究建筑形体的有效方法，这对认识建筑的体积和空间关系起到十分重要的作用。明暗画法依靠疏密程度不同的点或线条的交叉排列，组合成不同

明暗调子的面或同一面中不同的明暗变化，主要以面的形式来表现建筑的空间形体。不强调构成形体的结构线，这种画法具有较强的表现力，空间及体积感强，容易做到画面重点突出、层次分明。通过钢笔明暗式画法的练习，可以加强对建筑形体的理解和认识，培养对建筑空间、虚实关系及光影变化的表现能力，从而拓展作品的视觉张力。

3. 钢笔综合式画法

以单线白描为基础，在建筑的主要结构转折或明暗交界处，有选择地、概括地施以简单的明暗色调，或以明暗为主，加线条勾勒，故此法又称线面结合的画法。这种画法强化明暗的两极变化，剔去无关紧要的中间层次，容易刻画、强调某一物体或空间关系，又可保留线条的韵味，突出画面的主题，并能避其所短而扬其所长，具有较大的灵活性和自由性。画面用精简的黑白布局，从而显得精练与概括，赋予作品很强的视觉冲击和整体感。

4. 钢笔草图式画法

写生时，有时因时间的限制，不能精确细致地刻画建筑物，而只能以一种快速的表达方式记录式地描绘建筑的意象，这种方法称为钢笔草图式画法，或称钢笔快速画法。快速画法是基本功训练的重要环节，可以在较短的时间内，简明扼要地把握建筑的形态特征与空间氛围。其用笔随意、自然，画面的线条显得松散且不明确，建筑的形体一般由多根线条反复组合予以限定。这种画法往往不能表达建筑的结构细节，而只能体现建筑设计的意象及其空间的氛围效果。通过快速画法的训练，可以锻炼学生在较短时间内敏锐的观察力和准确、迅速地描绘对象的能力，有助于今后在设计过程中构思的顺利表达。

五、画面处理

绘画是作画者将自己的情感通过图面的艺术语言传达给对方。随着基本造型能力的增强，写生将不仅仅停留在准确如实地描绘对象上，而是要主观地进行艺术的处理。运用概括、取舍、对比、强调等造型手法，情景交融地表现物象，使画面具有强烈的艺术感染力。

1. 概括

自然界的物体纷乱繁杂，写生不等于照相，如果只是"真实"地反映自然，画面不但会显得杂乱无章、无主题、无层次，也谈不上艺术地再现自然。钢笔画与其他画种相比，有其鲜明的特点，画面的中间层次缺少细腻的变化，黑白对比强烈。因此，写生特别要注意概括与提炼、选择和集中，保留那些最重要、最突出和最有表现力的东西并加以强调，而对于那些次要的、变化甚微的细节进行概况、归纳，才能够把较复杂的自然形体有条不紊地表现出来，画面也才能避免机械呆板、无主次，从而获得富有韵律感、节奏感的形式，有力地表现建筑的造型特征。

2. 取舍

建筑写生是对建筑物及其环境的提炼，而不是详尽无遗地描绘看到的所有细节。写生时，有时难免出现对构图不利的物体或感到构图中缺少某样物体，这种情况下可采用取舍的处理方法，才能更主动地把握画面。取舍分为：①取：即将画面以外有利于构图的物体移入画面，也可根据作画者的主观意愿进行添加，但这必须考虑到建筑的地域特征、文化习俗和季节习惯，使得添加的内容合情合理地融入环境之中。②舍：大胆舍弃那些对画面构图不利的物体,或是那些繁杂的可有可无的东西,才能使主题更加突出,画面更具艺术感染力。

3. 对比

任何一种造型艺术都讲究对比的艺术效果,钢笔画也不例外。画面中如缺少对比会显得平淡,而对比无度又显得杂乱。对比可使画面的空间产生主次、虚实、远近的变化,还可使画面的主题明确,从而使画面生动而富有变化。因此在处理画面的时候,要学会掌握一些有效的对比手法,彼此相互强调,相互衬托,以强调画面的变化,表现主题,突出重点。对比手法的运用,既要自然,又要合理,不必强求。强求的对比效果常常使画面显得虚假而不真实。对比的手法有:①虚实对比:是处理画面主次及空间关系的最有效方法,钢笔画的虚实对比主要是通过线条疏密的组织,繁简的处理等手法去获取特殊的艺术效果。写生时,将画面的主要建筑物或前景部分进行深入刻画,予以强调,而将次要部分、配景或远景进行概括、简化处理,使画面中的主要物体实、次要物体虚,或是近处实、远处虚,从而突出了主题和空间层次。②黑白对比:或称明暗对比。是指画面明暗强弱的对比,明暗对比是增强空间效果的最有效方法。明暗对比易产生强烈、明确的空间视觉效果和丰富的节奏感,也可起到强调主体,突出重点,以增强建筑的体量感和空间层次感。③面积对比:是指不同物体在同一画面中所占的面积大小的比例。主体是画面中的视觉中心,其面积在画面中应占有一定的比例,而次要部分则只是陪衬与从属,因而所占面积较小。主体与次要部分在画面中所占面积形成了不同大小的对比,也强化了主题。④疏密对比:缺乏多样变化的画面是单调的,疏密程度不同,可达到黑、白、灰的画面效果,画面中应做到疏衬密、密衬疏,层次分明,形象突出。线条的组织安排要有理法,要有宾主。线条合理的经营,才能使画面"疏者不厌其疏,密者不厌其密,疏而不觉其简,密而空灵透气,开合自然,虚实相生"。

4. 调整

当画面基本完成之后,就要对整个画面进行统一的调整,其目的是使主体建筑与配景间更加贴切、充实、协调。调整时,首先可考虑构图的需要。为了确保构图的平衡、对比以及整体性要求,应当认真对照主次,看主要部分是否明确,高低如何,次要部分是否得太突出或太含糊,相互之间联系是否做到协调一致。既要保证画面的重点和精细所在,又要考虑整幅作品的完整性和统一性。其次是强化对比。通过对比可使画面的主题及空间关系鲜明起来,主次关系一目了然。量与质的对比不足者,可略加线或调子以满足对比度。再者,通过调整,还可丰富画面,可在过于平淡的地方添加内容,背景内容和主体内容应统一而富有变化。调整后的构图更加完美,黑白布局更加合理,内容更加丰富,画面更加完整,直至感到满意为止。

钢笔建筑写生是建筑画的基础训练,也是建筑画家、建筑设计师创作灵感源于生活、源于自然的真实见证。通过写生可以培养观察和分析对象的能力,并使学生对建筑形象的认识逐渐敏锐深刻,从而在表现建筑时获取更多的灵感。

1
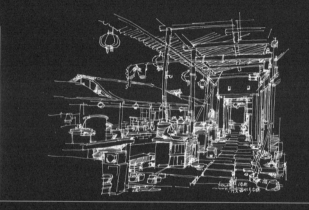
GUANCHA

观察 观察 观察 观察 观察

观 察

◎ 角度的选择、构图的安排妥当与否,对处理空间层次有时起着决定性的作用。不讲究构图等于放弃了对画面的艺术处理,成了纯粹的记录式写生。

◎ 花草是复杂的自然形态。写生时,必须仔细观察,并研究其生长规律,然后进行概括表达,并赋予某种秩序。

◎ 画花草时,对其必须进行有秩序的分组。

◎ 下面三图中,左图消失点明显,图面过于"直白";中图层次丰富,硬质物体(石头)与软质物体(花草)相间,略带弧形的构图具有引导性;右图中以主体(石板桥)为杠杆,左右花草的重量感得不到均衡。

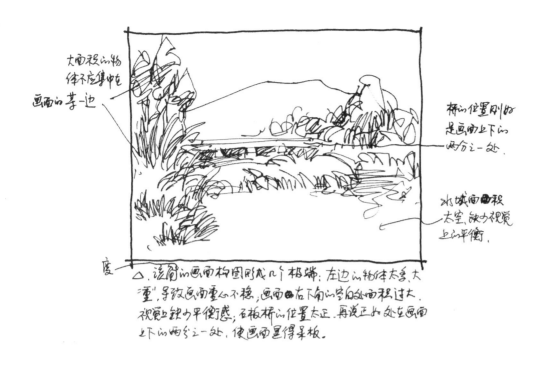

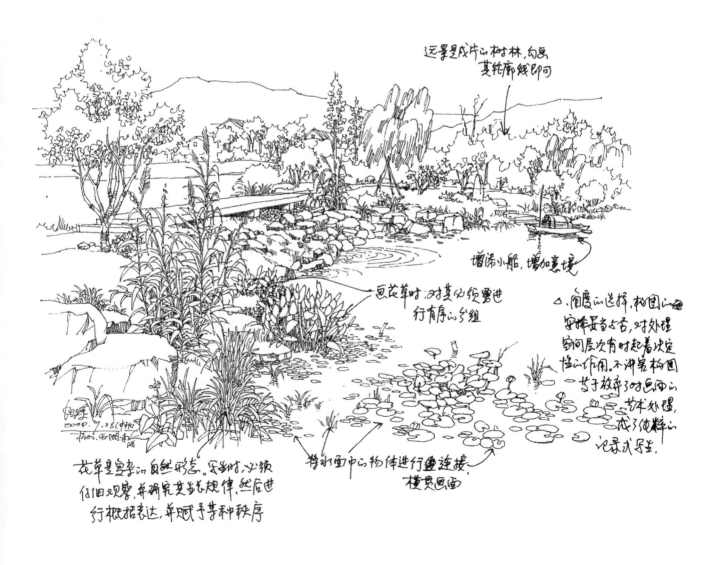

◎ 写生前要反复比较，明确趣味中心，然后根据构图法则，将视觉中心安排到画面的适当位置。在表现时，应做到主次分明，重点突出，方可使画面更具艺术感染力。

◎ 适当加强明暗的变化，可增加空间层次。

◎ 强调透视线，可增强景深。

◎ 上面三图中，左图缺少前景；中图中主体距离太远，在图面中所占的位置太小，难以成为画面的趣味中心；右图的前、中、远景层次分明，主体位置适中。

△. 该角度的主体较为突出，但画面明暗量偏大，且显孤立。

△. 该角度的主体在画面中与画面空间中的距离太远，难以形成画面的趣味中心。

观 察

右上角的建筑高度与左边建筑的高度一致，使得画面的构图撑的太满，因此，可以将其适当的降低。

两条船的方向过于一致，可改变其中一条船的方向，甚至可以舍弃其中的一条船。

△ 该角度的前、中远景层次分明，主体物的面积的大小和位置适中，主题明确。

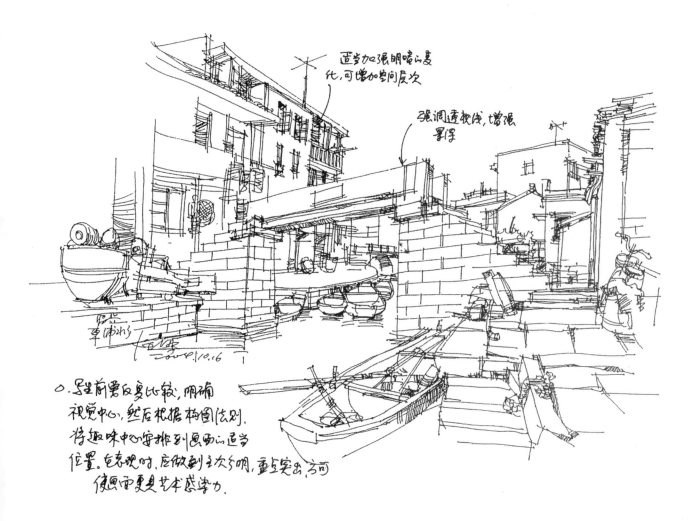

适当加强明暗的变化，可增加空间层次

强调透视线，增强景深

○. 写生前需反复比较，明确视觉中心，然后根据构图法则，将趣味中心安排到画面的适当位置。表现时，应做到主次分明，重点突出，方可使画面更具艺术感染力。

◎ 取景的目的不但要反映景物的本质特征，还要考虑到画面的构图问题。不宜选取使构图"空洞"、"呆板"的角度。

◎ 表达中景时，可稍概括。

◎ 远景的表达，画出其轮廓线即可。

◎ 下面三幅图中，上图的取景角度，会使画面中左右两边的物体分离，并导致画面中心太"空"；下图的取景角度，则使前后物体的方向过于一致，缺少变化，导致画面的构图"呆板"，中图角度最为理想，前后物体层次分明，且富有变化，很生动。

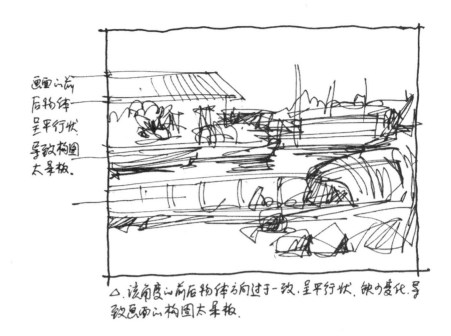

△ 该角度以前后物体方向过于一致，呈平行状，缺少变化，导致画面以构图太呆板。

△ 该角度较为理想，前后物体层次分明，且富有变化，画面紧凑而生动。

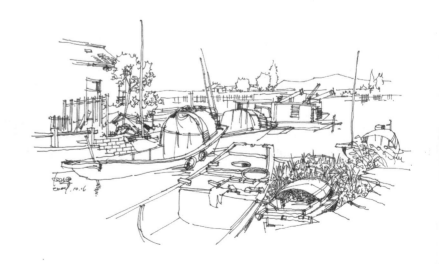

观察

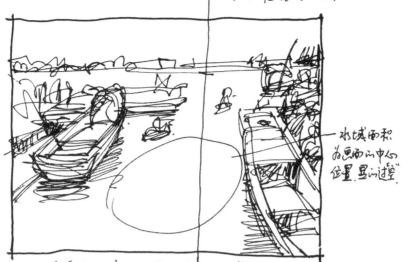

画面的比例为中轴线，左边画面较为完整，右边画面也较为完整，组合在一起时则显得很松散。

水域面积在画面的中心位置显得过空

△ 该角度所表现的画面构图太散，大面积的水域面积，使画面左右两边的物体等高，导致画面不紧凑、不整体。

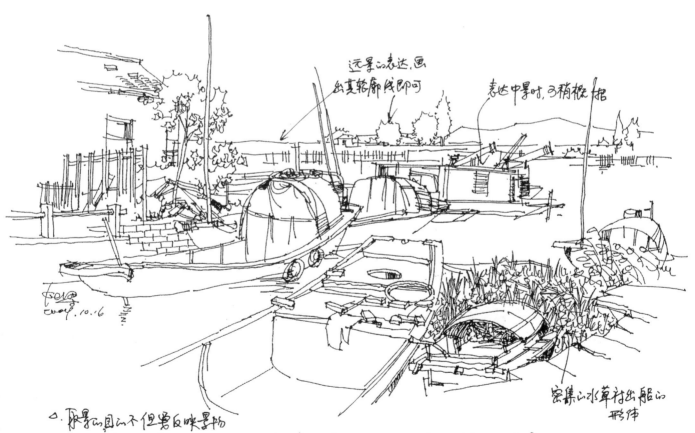

远景的表达，画出其轮廓线即可

表达中景时，3稍概括

密集的水草衬出船的形体

△ 取景的目的不但要反映景物的本质特征，还要考虑到画面的构图问题，不宜选取使构图"空洞"、"呆板"的角度。

◎ 表现建筑与环境，首先通过观察、分析，研究各个角度的空间关系，再进行比较，选取既能最大限度地体现建筑特征，又能反映建筑与其他景物前后关系的角度。

◎ 学习画树的最好办法，无疑是对树进行多观察、多写生，了解树的生长规律。

◎ 写生中，必须善于捕捉树的形态和动势。既要体现树的共性特征，又要表现它们的个性特点。

◎ 上面三图中，上图以路面为前景，能引导观者的视线。空间层次有序，建筑融入环境之中。建筑正、侧面的面积分布合理，容易表达体量。中图的建筑为正侧面，较为平板。前景简单，面积较大，缺少层次感。下图虽与上图有相似之处，但主体建筑略显孤立，缺少前景。

△ 建筑正、侧面的面积分布合理，容易表达体量，空间层次有序，建筑很好地融入到环境中。另外，以路面为前景，能引导观者的视线。

△ 该角度的建筑为正侧面，较为平板，也难以表达建筑的体量感。且前景的土堆面积较大，遮挡了建筑的大部分面积，使建筑得不到很好的展现，画面也缺少空间层次感。

△ 该角度容易表达画面的景深感,前后层次分明,画面显得丰富,构图饱满。

◎ 写生时,想要充分表现对象,必须要进行仔细的观察。通过观察来理解物象间的组织关系,才能确定表现对象特征的最佳视角,有力地反映建筑的本质,取得良好的画面效果。

◎ 左面三图中,上图的视角以桥为近景,建筑为"远"景,景深感较强;中图的角度较为平淡,左右建筑的高度及体量感较为平均;下图的观察角度、重心稍嫌偏移,因此构图难以获得均衡。

高度一致,缺少高低变化。另外,仅靠桥连接两边构筑的建筑,画面缺乏景深感。

△ 该角度所处的位置为桥的正前方,使得桥在画面中处于水平状态,且画面左右两边的建筑高度一致,画面显得很平淡。

△ 该角度所表现的画面重心偏向左边，且画面中出现过多的"水平线"和"垂直线"，画面显得较呆板，缺少变化。

△ 写生时，要想充分表现对象，必须要进行仔细的观察，通过观察来理解物象间的相处关系，才能选择最佳表现对象特征的视角，有力地反映建筑的本质，取得良好的画面效果。

△该角度的建筑透视强烈，纵深感强，空间层次分明。

该部分是画面的较中心位置，却没有物体，选择的角度容易导致画面的中心"过空"。

△该角度的左边一小整块、右边一大整块，单独从左右两整块来看都挺完整，但组合在一起时，中间缺少过渡连接的物体，容易导致左右两边分离，缺少画面的整体性。

◎ 通过对景物的观察，选择相适应的表现手法来体现景物的外观轮廓线和体块特征，将景物的重点纳入构图的视觉中心予以展示，有力地反映景物的精华。

◎ 景物的"精彩"部分要重点刻画，可通过对物体轮廓及结构线的细致描写，也可以通过强烈的黑白对比的方法强调物体。

◎ 上面三图中，上图透视强烈，纵深感强，空间层次分明；中图的距离太近，构图欠完整；下图以河为"中轴线"，建筑分布在两侧，这样的角度容易导致画面中心"过空"。

观察

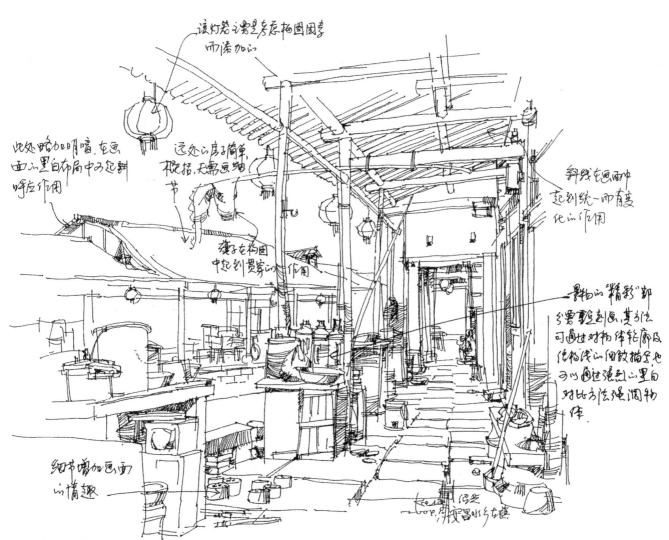

△ 通过对景物的观察,运用相应的手法来表现景物的外观轮廓线和体块特征,有力地反映景物的精华所在,将景物的重点纳入构图的视觉中心予以展示。

◎ 在对建筑写生时，整体观察的方法是造型艺术必须遵循的基本规律。先要整体观察，然后观察建筑各个细部的造型特征，再把各个细部联系在一起观察，形成一个有机的整体。从而在表现对象时，能更好地把握画面的整体感。

◎ 主体的面积和次要部分的面积过于相近，容易导致画面显得平均。

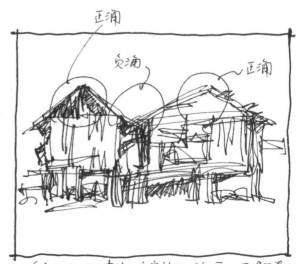

观察

△ 角度恰当好处，主体突出，高低错落有致，变化丰富

该建筑和主体具有呼应和过渡关系，以致使主体不致于显得太孤立，也使层面带有秩序性。

△ 在对建筑写生时，整体观察的方法是造型艺术必须遵循的基本规律，只要整体观察，然后观察建筑各个细部的造型特征，再把各个细部联系在一起观察，形成一个有机的整体，从而在表现对象时，能更好地把握画面整体感。

界面的转折处，需要通过适当的明暗来区分限定。

杆子的添加，既丰富了画面的内容，又使构图得到平衡。

地面的留白处不宜过多，可适当画些杂草以及物体

◎ 运用钢笔写生，要求我们深刻细致地对所描绘的建筑从不同角度进行观察。只有充分地了解对象，才能做到胸有成竹、下笔果断，准确地画出流畅而有力的线条。

◎ 下面三图中，上图的主体建筑近似处于桥的正上方，难以表达其体量及空间层次；下图视点较居中，主体建筑位置偏离，桥与主体建筑截然"断开"，缺少联系；中图角度最为适中，主体突出，空间层次分明。

观 察

由所处位置该建筑处于桥的顶端，位置不是太理想，刚好处于桥的顶端。

○. 该角度处于桥的正中间，难以表达空间进深感。
○. 桥和高建筑的位置处于左右并置关系，而缺乏前后的重叠关系。这种角度的构图除了呆板、平淡之外，还容易导致画面松散，缺乏紧凑感。

删除远景建筑，突出视觉中心

利用肯定流畅的线条，抓住建筑的基本结构

○. 运用钢笔写生，要求我们对所描绘的建筑从不同角度进行深刻细致地观察，只有充分地了解对象，才能做到胸有成竹，下笔果断，准确地画出流畅而有力的线条。

2
QUJING

QUJING

取 景　　　取 景　　　取 景

取 景

◎ 表现某一场景，首要的目的是表现其氛围。构成氛围的主要内容有人和物。场景写生时，要注意选取最能体现场景活动内容的视角。

◎ 下面三图中，左图内容较为平淡，或者说以桥为主体还不够精彩。中图以菜农卖菜为主题，尽显生动；以桥为近景，空间层次丰富，构图饱满。右图距离较远，角度略显平淡。

△ 桥在画面中占了大部分的面积，其角度和位置都不是太理想，使得反面构图平淡，视觉中心不明确。

△ 该角度较为平淡，桥在画面中占了主要的位置，且体量较大，与后面的建筑未能形成较理想的画面对比关系，使得主次关系平均，主体不突出。

△ 该角度所表现的反面构图饱满、完整，桥的角度和位置恰到好处。

取景

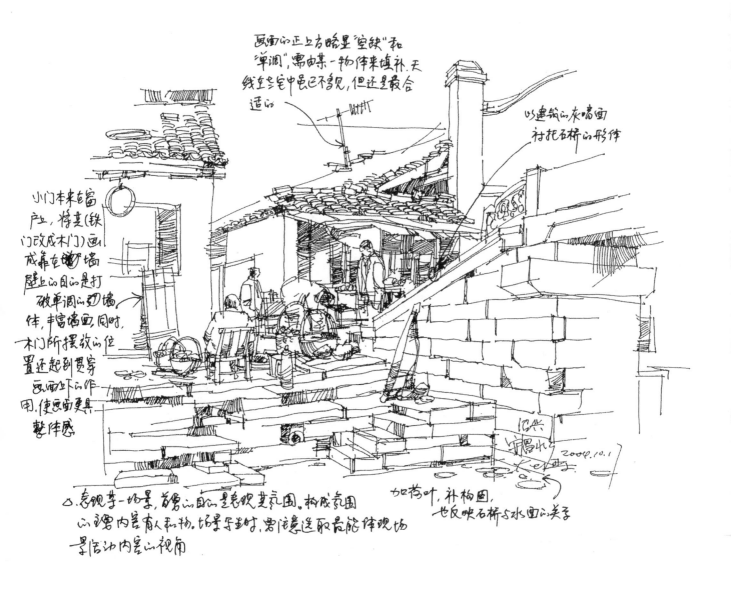

◎ 取景是反映场景的建筑群体或者个体，要根据作画者的理解和感受以及表现的目的而定。

◎ 建筑写生除了表现建筑的形体结构之外，还有很重要的方面就是环境配景的处理。它是建筑不可分割的一部分，对画面的气氛、构图、空间有很大的影响，正确认识和处理环境配景是保证画面效果的必要条件。

◎ 前景植物可画出具体的形状，中景略概括，远景的植物画出轮廓线即可。

◎ 左面三图中，上图建筑（藏寨）的地域特征明显，能反映村落的全貌；以部分庄稼和路面为前景，随着路面的延伸，建筑层层递进，以至到远景的山体，层次分明。中图是村寨的局部，由多幢建筑组合而成，图面略显平淡，主体不够突出。下图中，建筑层层叠叠的前后关系虽然明显，但缺少合适的前景组合，使得画面堵塞，缺少空间的通透性。

△ 取大场景，建筑的地域特征明显，能反映村落的全貌，具有远近、中远景的空间层次关系。

△ 取中景，画面构图饱满，却不完整，并且层次乱，也缺少空间的通透性。

△ 取近景，反映不出建筑的地域特征，建筑体块特征明显，画面呈硬，缺少变化。

取景

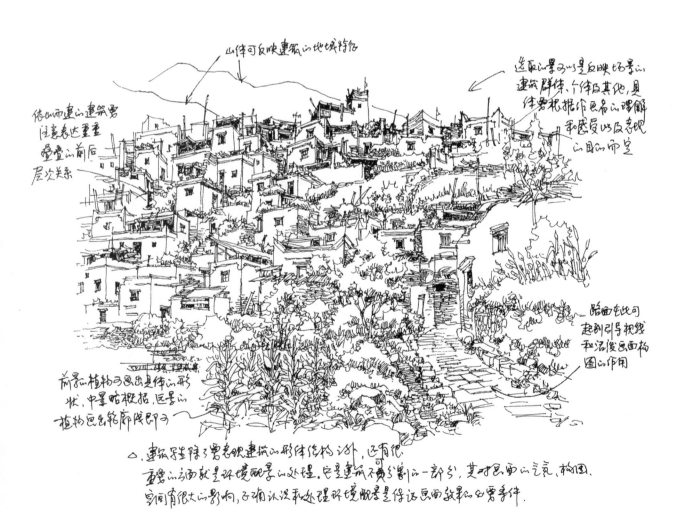

◎ 写生时，通过认真的观察，仔细的分析，能够提高作画者的眼睛对建筑形态特征的反应敏锐性，使作画者对建筑的感性认识上升到理性认识，从而更有力地表现建筑的特征。

◎ 视觉中心应尽量刻画得细致、生动。

◎ 明暗交界处(或界面转折处)适当铺设明暗，以强调某一结构或强化建筑的体量和空间关系。

◎ 上方三图中，左图的空间进深感较强，前后物体层次分明；中图所显示的角度，主体虽然明显，但景深较短，主体与衬景的面积接近，会导致所表现的画面平淡、均匀；右图主体距离太近，缺少陪衬、对比的景物。

取 景

△ 写生时，通过认真地观察，仔细地分析，能够提高作画者的眼睛对建筑形象特色的敏锐反应，使作画者对建筑的感性认识上升到理性认识，从而有力地表达建筑的特色。

△ 该范围所表现的画面，主体虽然明显，但景深较短，缺少空间感，且构图太满，显得压抑和局促和不足整。

△ 该画面所表现的是建筑的局部，但该局部的内容并不是十分致致，难以形成一幅完整的画面，相比表达的问场景。

◎ 取景的不同，决定了画面构图的取向。

◎ 选景时，从多角度观察，通过分析和比较，最后选择一个合适的距离和视角来表现。

◎ 画面的线条与组织是钢笔画写生的第一个问题，也是一个最主要的问题，它是一幅画的开始，是一次艺术创作活动的开始。粗细线条的组合使画面更为丰富。

◎ 下面三图中，左图的取景范围太大，空间进深感虽强，主体却不够突出；右图的取景范围太小，左右过于对称，图面呆板、不生动；中图取景范围适中，空间进深感强，左右、前后建筑高低错落有致，主体突出。

△ 该图取景范围适中，空间进深感强，左右、前后建筑高低错落有致，主体突出，构图完美，饱满、完整。

△ 该图的取景范围相对于局部，显得较为拥挤，左右过于对称，图面呆板、不生动，空间进深感不强，画面

取 景

○ 该构图所取得的场景，尽管空间感很强，但画面用的构图显得空阔、同时，不饱满，且主体不够突出。

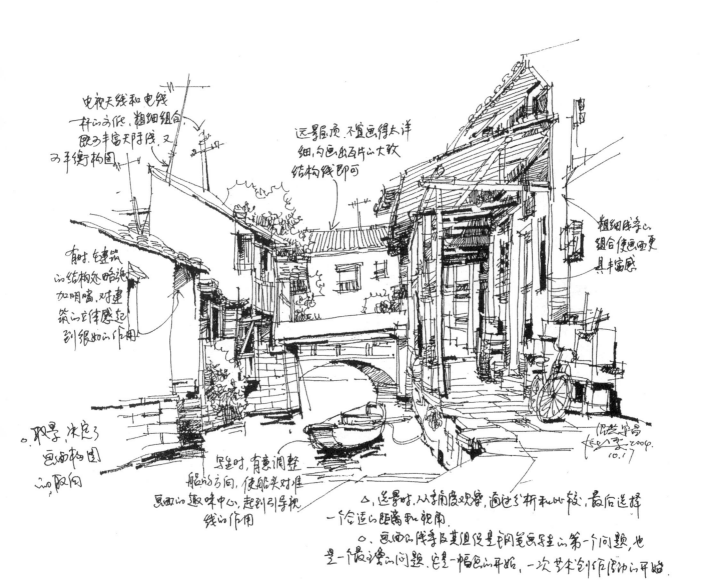

电视天线和电线杆的穿插，粗细组合既可丰富天际线，又可平衡构图

远景屋顶，不宜画得太详细，勾画出成片的大致结构线即可

有时，建筑的结构处略施加明暗，对建筑的立体感起到很好的作用

粗细线条的组合使画面更具丰富感

○ 取景决定了画面构图的取向

写生时，有意调整船的方向，使船头对准画面的趣味中心，起到引导视线的作用

○ 选景时，从多角度观察，通过分析和比较，最后选择一个适合的距离和视角。

○ 画面的取景及其组织是钢笔画写生的第一个问题，也是一张画的问题。它是一幅画的开始，一次艺术创作活动的开始。

◎ 建筑写生过程是一个观察的过程，通过观察能识别建筑的形态特征、空间关系、细部结构等。通过观察进行分析、比较，从而正确有力地表达对象。

◎ 写生时，有时建筑呈现在你眼前并不是十分完美。为了使建筑层次更丰富、构图更完满，在画到某些局部时，可以有意移动位置，或坐或站，或左移或右偏。

◎ 下面三图中，上图场景的观察距离太远，主体不够突出，下图的主体太孤立，缺少陪衬的物体，也缺少空间感，中图适中。

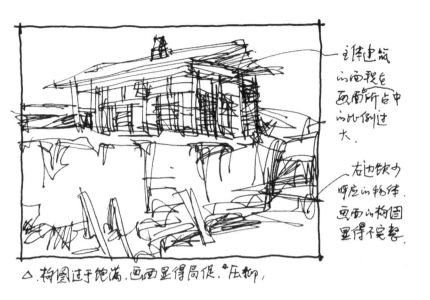

△ 构图过于饱满，画面显得局促、"压抑"。

△ 写生时，建筑呈现在你眼前的并不是十分完美，有时为了使建筑层次更丰富，构图更完美，在画到某些局部时，有意移动位置，或蹲或站，或左移或右偏。

△ 建筑写生过程是一个观察的过程，通过观察能读到建筑的形态特征、空间关系、细部和结构等，通过观察进行分析、比较，从而正确而生动地表达对象。

◎ 钢笔画线条的组合应有一定的秩序感，线条不分主次会使画面显得凌乱无序。

◎ 画面的视觉稳定感在很大程度上取决于构图的均衡。

◎ 画面的构图布局要均衡，但均衡不等同于平衡，更不是平均。

◎ 上面三图中，左图消失点明显，前、中、远景层次分明，空间感强；中图透视感虽强，主体不够明显，"苍白"的建筑在图面右边占据了四分之三的面积，左边缺少呼应的物体，使构图不完整；右图消失点过于居中，图面显得太呆板。

取 景

△ 钢笔画线条的组合应有一定的秩序感，线条不够主次会使画面显得凌乱无序。

△ 画面的视觉稳定感，很大程度上取决于构图的均衡。

△ 画面的布局均衡，均衡不等同于平衡，更不是平均。

构图意味着选择和强调，选择电线杆意味着其在构图中的重要性。

△ 该画面所选的内容相对简单，平行建筑均以直线表现在画面中，使画面显得较为生硬。

布置构图中起到了视觉上的平衡，也避免画面左边大面积的空缺。

△ 该画面的消失点明显，前、中、远景层次分明，空间感强。

◎ 表现物体间的前后空间关系时只要明暗关系合理、相互衬托并赋予次序，就很容易表现其前后之间的空间关系。

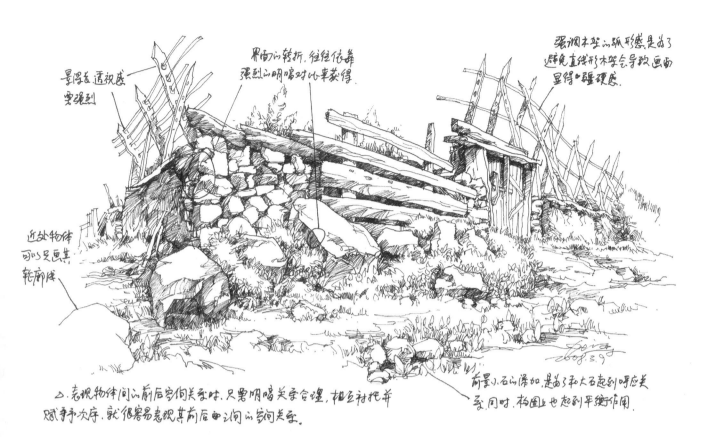

△.表现物体间的前后空间关系时,只要明暗关系合理,相互衬托并赋予层次序.就很容易表现其前后面之间的空间关系.

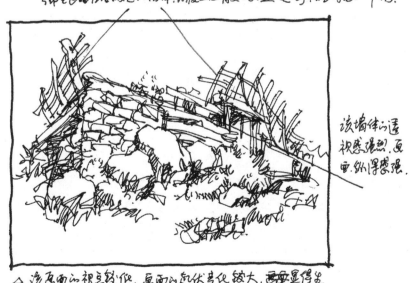

△.该画面的视点较低,画面的起伏变化较大,画面显得生动而富有变化.

3
GOUTU

G O U T U

构 图　　　构 图　　　构 图　　　构 图

构 图

△ 建筑作为主体，船作为点缀，但船的方向不宜和建筑的透视方向过于一致，否则会导致画面显得生硬，且失去构图上的平衡。

◎ 写生时，采用虚实对比的手法，可以分清主次和远近的关系，使画面产生空间景深感。如果虚实对比处理不恰当，主体将不能突出，且缺乏层次。

△ 适当调整船的行驶方向，使画面的构图更加生动、饱满，也使画面向心的凝聚力更加明显。

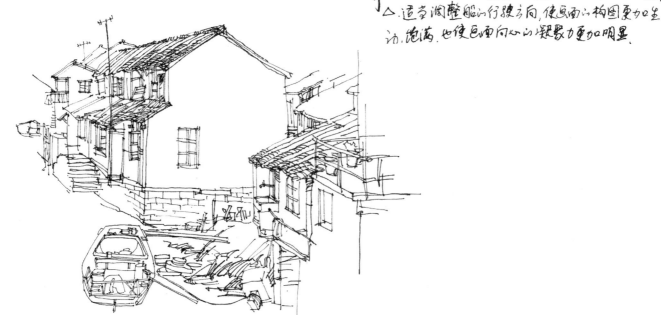

构 图

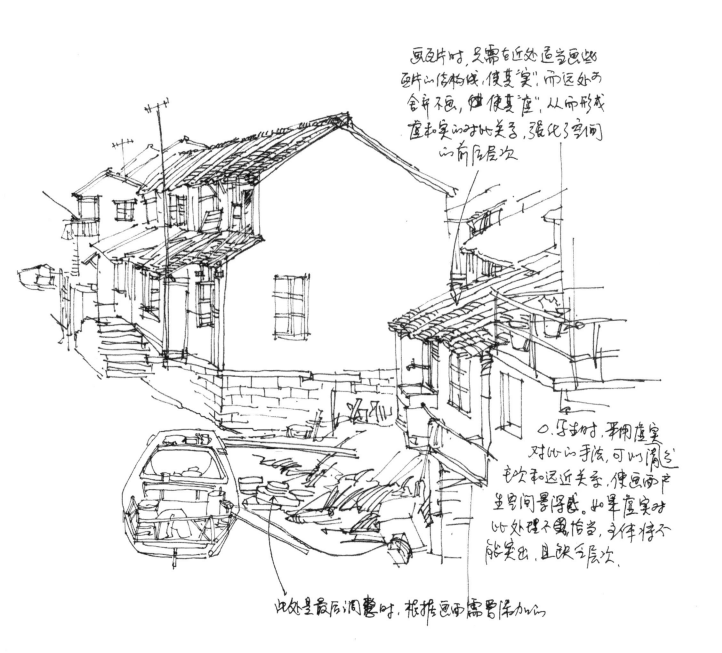

△ 构图扁平，并刻意集中画面的中间部位，使画面上下两端过于空缺。

◎ 运用艺术夸张的手法来强化建筑的整体形象或部分特征，对那些不利构图或可有可无的东西则进行减弱或舍弃。只有这样，视点才会更集中，主次对比更强烈，建筑特征更典型，主体形象更具感染力。

△ 拔高主体建筑，使画面的主题更加明确，天际线更富有变化，构图更加饱满。

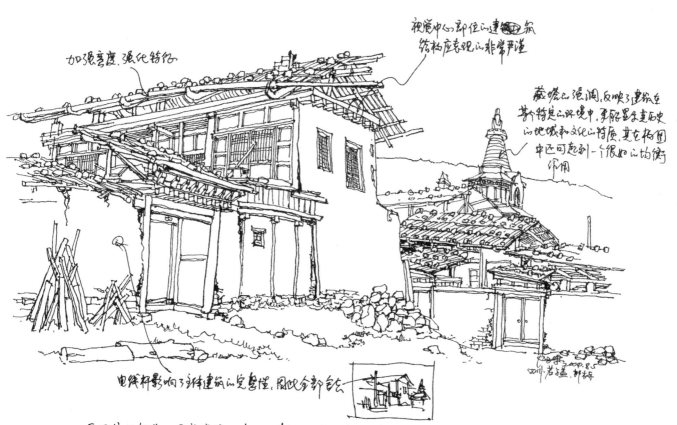

△ 运用艺术夸张的手法来强化建筑的整体形象或部分特征，对那些不利构图或可有可无的东西则进行减弱或省略。只有这样，视点才会更集中，主次对比更强烈，建筑特征更典型，主体形象更具视觉感染力。

◎ 主体形象和空间层次作为构成画面的两大主要因素，写生时在构图上要精心细致地安排：其一是使主体形象的面积占有一定的比例，位置相对居中，以突出形象。其二是近、中、远景的设置。画面的中心可以是近景，也可以是中景，相互衬托，远近呼应，使空间层次分明。

◎ 上面三图中，左图的远近物体在面积的对比上能起到呼应的作用，使构图得到平衡，路面在图面中具有引导性，并加强景深感；中图的前景有些欠缺，在视觉上得不到平衡，路面的面积显得有些大，且过于偏向左下方；右图路面的消失点强，却过于居中，这样的构图会导致左右景物缺少联系性并影响画面的完整。

△.该画面的前景（左下角）仅是路面，缺少内容，在视觉上得不到非常理想的平衡。车道的面积有些大，且过于偏向画面的中下方，使构图的中下角过于空缺。

应注意树木的明暗层次，具有明暗层次的树木更显立体感

此建筑与左边的树木在构图上起到均衡的作用，因此在高度的和体积上要和树木形成一定的比例关系

绘制此处结构线的目的，一是为了衬托树木池，二是觉得左下角过于"空"

○.立体形象和空间层次的构成是画面的两大主要因素，写生时在构图上要更加精心细致的安排，其一是立体形象的面积占有一定的比例，位置相对居中，使其形象突出，其二是近、中、远景的设置，画面的中心内容是近景，也有的是中景，相互衬托，远近呼应，使画的层次分明。

◎ 主体在画面中一般只有一个，是视觉中心，往往由某一建筑物、建筑的局部或多个物体有机地组合在一起。主体在画面中起主导作用，相比配景刻画要深入、完整，其在画面中的安排要合理，不宜置于画面的最中心位置，也不要太偏，而是置于中心附近。

◎ 墙面转折处，只要加深其中一面的明暗，即可增强建筑的体量。

◎ 下面两图中，上图具有空间层次，主体形象突出；下图过于局部，构图不完整。

△ 将主体建筑拔高后的画面，主题突出，画面物体错落有致，变化丰富，构图饱满。

△ 该画面构图的主要问题在于主体建筑不够突出，且建筑的第一边缘线缺少错落的变化。

构 图

◎ 写生时，通过观察，首先要确定主体，然后在画面做有意的构图安排。主体与陪衬部分的面积大小，或是高低错落，应有所区别，以免主体被消解，尤其不可出现主体与陪衬一比一的对等局面。

◎ 在把握画面整体关系的前提下，刻画出有特点的细节，可以使画面更加精彩。

◎ 上面三图中，左图为"两点透视"，在图面中心形成一个夹角，"中心"便留出了过多的空白；中图主题突出，前后建筑面积对比适中，角度平稳，容易获取稳定的构图；右图主体虽突出，但与其相匹配的景物不够理想。

构 图

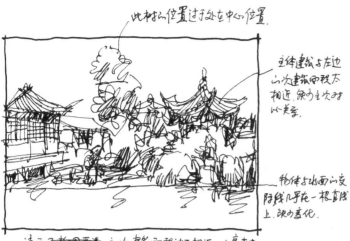

此树的位置过于处左中心位置。

主体建筑占左边，次建筑面积太相近，弱化次体以关系。

物体与水面的交界线几乎在一根直线上，缺少变化。

△. 该画面构图平淡，主次建筑面积过于相近，以高树为中轴线，主次建筑分布在其左右两侧，使得构图过于对称和平淡，主体不明确。

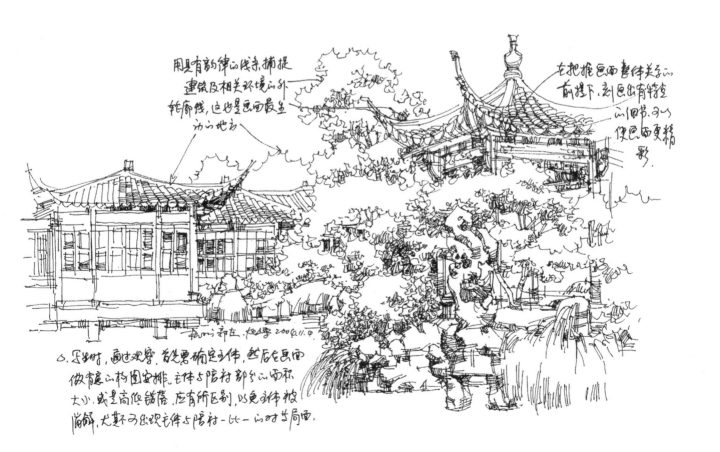

用具有韵律的线条捕捉建筑及相关环境的外轮廓线，这也是画面最生动的地方。

左把握画面整体关系的前提下，刻画出有特色的细节，可使画面更精彩。

△. 写生时，画面观察首先要确定主体，然后在画面做较好的构图安排，主体与陪衬部分的面积大小，或是高低错落，应有所区别，以免主体被消解，尤其不要把主体与陪衬一比一的对等局面。

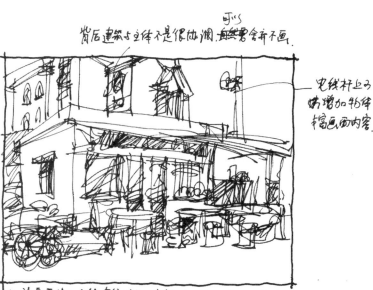

◎ 构图是指把众多的视觉元素,在画面中有机地组合在一起,形成既对比又统一的视觉平衡。一幅画的成功与否,首先取决于画面的构图形式。

◎ 构图要能充分体现出作画者对景物的感受,表现出对象特定的气氛,不同的构图形式给人以不同的视觉感受。

◎ 钢笔画以作画的时间和风格可划分为慢写和速写。以明暗布满画面的慢写,通过精心绘制具有强烈的艺术感染力。

◎ 上面三图中,上图主体突出,整体感强,但在构图上,图面的右下方略显空缺,会导致画面重心不稳;中图的视点为建筑的正前方,构图平板,缺少空间层次;下图以树为近景,主体隐约可见,在构图方面又可获得视觉上的一种平衡感。

构 图

△ 该构图有意寻找植物为衬景的风景构图形式，使场景更具空间感，也打破了建筑正立面平板的构图。但要注意主体和配景之间所占面积的比例关系，配景在画面中不宜占有过大的面积。

△ 构图就是把众多视觉元素，在画面中有机地组合一起，形成既对比统一的视觉手段。一幅画的成功与否，首先取决于画面的构图形式。

△ 构图要能充分体现出作画者对景物的感受，表现出对象特定的气氛，不同的构图形式给人以不同的视觉感受。

◎ 写生时,作画者要对形体结构做透彻的理解,才能够使线条和用笔肯定有力,准确地表达对象。

◎ 写生构图时,有时根据画面的需要添加物体,使画面获得视觉上的均衡感。

◎ 钢笔画的明暗构图,对于画面重点的形成、气氛的表达等都有重要的作用。

◎ 主体刻画时舍去了一些结构细节,获得更多的整体感。

◎ 下面两图中,左图主体形象完整,大小适中;右图虽具有空间感,但主体形象太小,在图面中难以起到"中心"的作用。

△ 该画面的主体形象完整、突出,但构图略显太满。

△ 适当加大建筑场景,增加画面内容(船),压低次要建筑的高度,使画面的主体更加突出,层次更加分明。

△ 该画面虽具有空间感,但主体建筑太小,在图面中难以起到"中心"作用。

构 图

◎ 通过线条排列、穿插、重叠的方法去表现景物的光影，这种笔触的合理组织，能够表现物体的体积和空间层次，使明暗式钢笔画获得视觉上完整的素描关系。

◎ 小场景的表达，给人以亲切感。

◎ 明暗画法中，乱线的运用很容易控制景物的收放关系，使画面显得生动活泼。

构 图

◎ 画瓦片（或其他相关物体）时要注意表现其特征，画出瓦楞的结构线，从前面至后面有序地递减。这样所表现的画面整体感强，前后的虚实关系明显。

构 图

形状、面积相近且又平行，缺少变化，显得呆板。

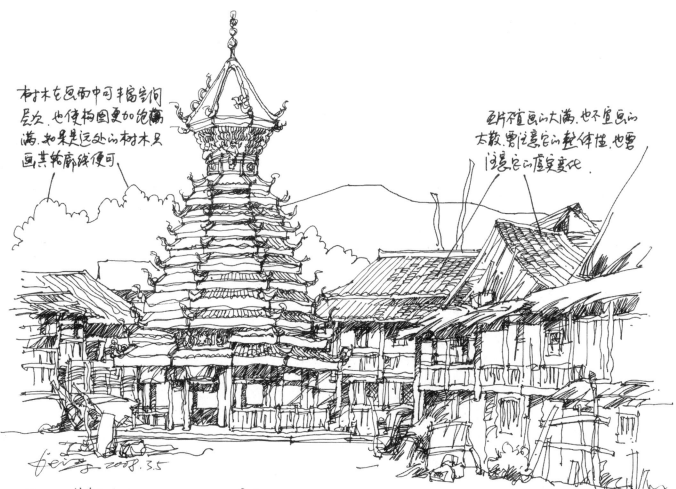

树木在画面中可丰富空间层次，也使构图更加饱满。如果是远处的树木只画其轮廓线便可。

画片不宜画的太满，也不宜画的太散。要注意它的整体性，也要注意它的虚实变化。

△. 画瓦片(或其它相关物体时)时要注意表现其特征，画出瓦楞的结构线，从前面至后面有序地递减，所表现的画面整体夸张，前后的虚实关系明显。

◎ 建筑钢笔画画面中的物体主要包括主体建筑和相匹配的配景，处理画面的物体时，要注意采用概括、归纳、提炼等方法，使描绘的画面具有一定的艺术性。

△ 该画面的视觉中心不够明确。

△ 该画面选择的是竖式构图，画面的重心不是太稳，视觉中心不是太明确。

△ 该画面选择的是横式构图，画面饱满，且层次分明富有变化。

构 图

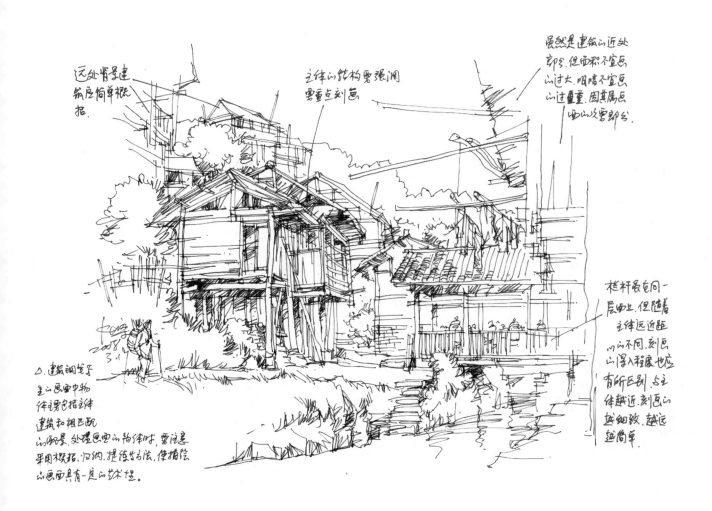

4

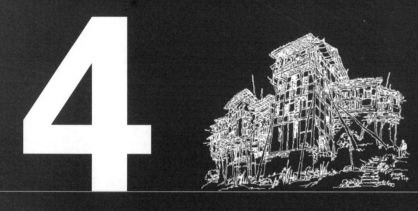

BIAOXIAN

BIAOXIAN

线描画法　　明暗画法　　综合画法　　快速画法

表　现

1. 线描画法

a. 同一粗细线条组合

b. 不同粗细线条组合

2. 明暗画法

3. 综合画法

4. 快速画法

画面疏密对比有序,层次分明.

△ 该画面的线条疏密组合得当,视觉中心明确,空间层次分明.

◎ 钢笔线描画法要求作画者能从复杂的客观对象中提炼出最能表达结构的线条,以最明确的手法表现出物体的比例、结构、透视关系和造型特征。

表现——线描画法——同一粗细线条组合

只考虑到局部的疏密对比和变化,导致画面的整体感不强

△ 同一粗细的线条组织成画面时,需要依靠线条的疏密组合获得主次和层次的变化,但组合线条时要注意画面的整体性。该画面因只考虑到画面局部的疏密对比,导致画面太散、太碎,整体性不强。

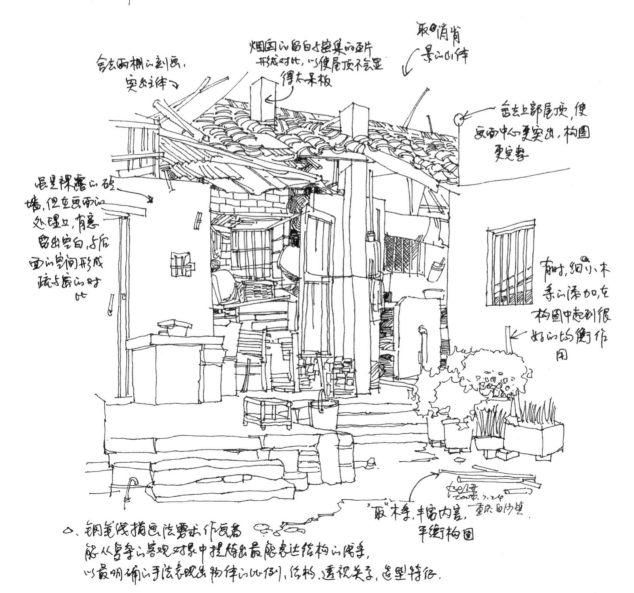

舍去两棚的刻画,突出主体

烟囱的留白与密集的瓦片形成对比,以使屋顶不会显得太呆板

取日消肖景的间体

舍去上部屋顶,使画面中心更突出,构图更显要

虽是裸露的砖墙,但在画面的处理上,有意留出空白,与后画的空间形成疏与密的对比

有时,细小木条的添加,在构图中起到很好的均衡作用

"取"木条,丰富内容,更显自然,平衡构图

△ 钢笔线描画法要求作画者能从复杂的景观对象中提炼出最能表达结构的线条,以最明确的手法表现出物体的比例、结构、透视关系,造型特征。

◎ 表现景物的空间关系还可通过透视学的原理，按照近大远小的基本规律，体现或强调景物的空间关系就容易得多。

◎ 线描画法是一种高度概括的画法，排除光影明暗的干扰，画出建筑或物体主要的轮廓结构线，依靠线条的疏密组合表达建筑的空间层次。

△ 该画面虽用一粗细线条的表现手法，但在画面的处理上缺少线条组织的疏密对比，因此，画面显得较为平淡。

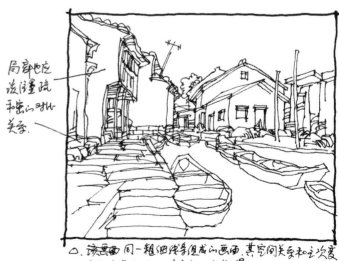

△ 该画面同一粗细线条组成的画面，其空间关系和主次变化，完全依靠线条的疏密组合来获得。

表现——线描画法——同一粗细线条组合

◎ 线的疏密安排直接影响着作品的审美视觉。线的疏密原理如同音乐、文学一般，应有高低起伏、紧凑松弛，要遵循对立统一的法则。

◎ 民居中的木柱子，画时略带弯曲，反而增强了古建筑的朴拙感。

表现——线描画法——同一粗细线条组合

◎ 线描画法是用线条清晰地表现建筑的透视、比例、结构，是研究建筑形体和结构的有效方法。这种画法在造型上有一定的难度，容易使画面走向空洞与平淡，完全要依靠线条在画面中的合理组织与穿插对比来表现建筑的空间关系和主次的虚实关系。

◎ 坚硬、明确、流畅是钢笔线条的主要特点，画面中要充分体现。

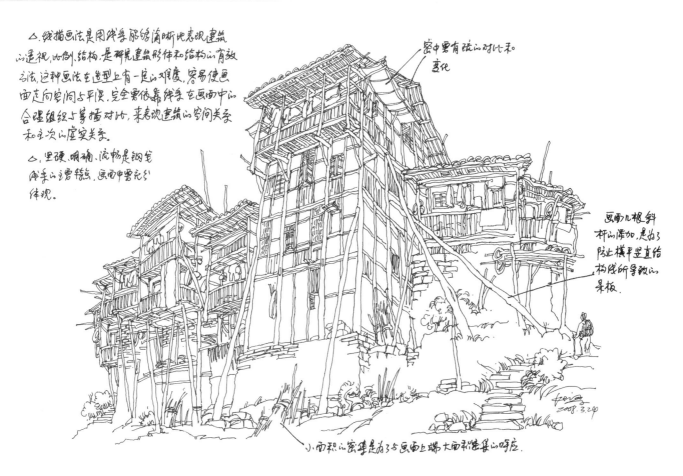

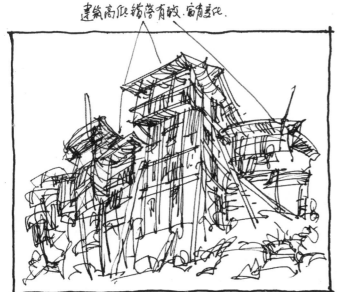

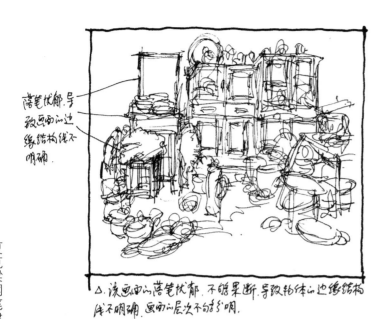

△ 该画面的落笔犹郁,不够果断,导致物体的边缘结构线不明确,画面的层次不够鲜明。

◎ 线描画法要求抓住形体的主要特征，运用精练、质朴的线条，作简洁有力的勾画，不用华丽的明暗修饰，却能达到情景交融、鲜明生动的表达效果。

◎ 虽是简单的线条，通过物体形体的重叠，同样能表达出空间感。

△ 该画面的用笔大胆肯定,物体的边缘结构线清晰明确,层次分明。

表现——线描画法——同一粗细线条组合

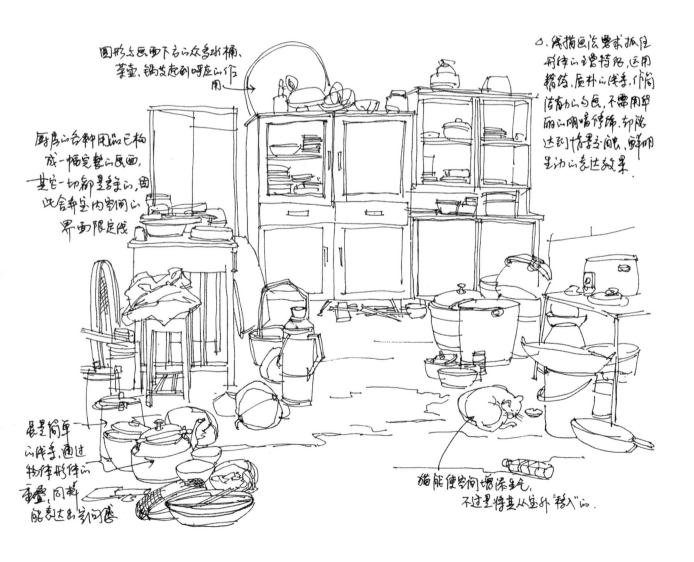

◎ 即兴的写生是要求在短时间内对所处的场景进行高度概括的表现。

◎ 主次景物在形状上要呼应联系，在线条明暗上要相互映衬。

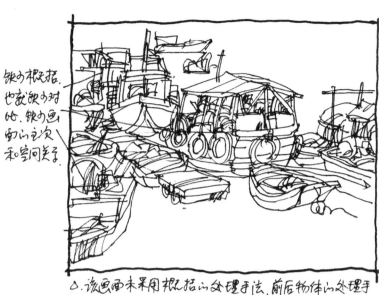

△ 该画面未采用概括的处理手法，前后物体的处理手法一致，画面显得平均，视觉中心不明确。

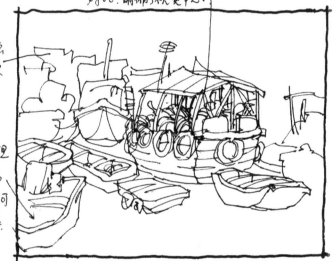

△ 该画面采用概括的处理手法，主体突出，层次分明。

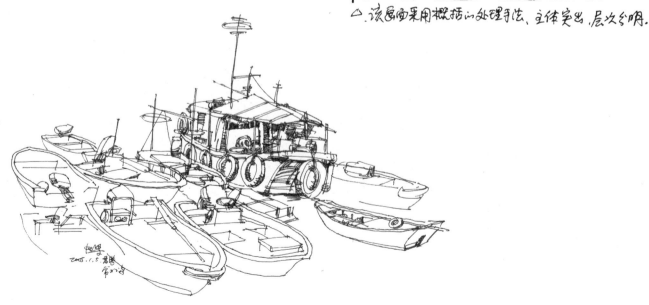

△、即兴写生主要求是短时间内对所处的场景进行高度概括。

△、主次景物在形状上要呼应联系，在线条明暗上要相对映衬，相间且面。

钢笔画依靠线条来塑造形体，写生时，尽量要做到眼要准，手要稳，用笔要狠，才能绘出挺拔而有力度的线条

该船在画面构图中心安排在远景，其却是主体，所以刻画相对细致

虽是近景，但起陪衬和衬托主体的作用。因此，刻画时要尽量做到概括，简练

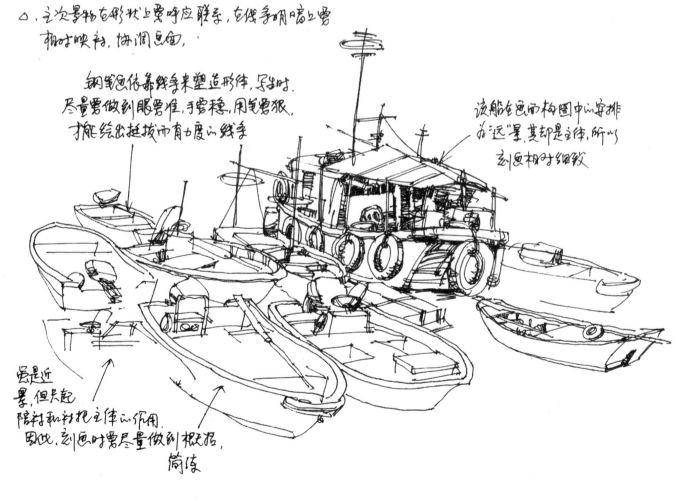

◎ 钢笔线描画法，往往仅用一支笔进行描绘。写生时，往往以线条的穿插与组合，重点刻画主要物体，舍弃次要部位一些繁琐的细节和复杂的层次，以略具抽象的形式，主观地表现画面的主次物象。

◎ 钢笔速写的线条要"画"，忌"描"。一条线如没画准，可重复再来，描出来的线条是没有表现力的。

表现——线描画法——同一粗细线条组合

◎ 通过线条排列、穿插、重叠的方法去表现景物的光影，这种笔触的合理组织，能够表现物体的体积和空间层次，使线插式钢笔画获得视觉上完整的素描关系。

◎ 线插画法中，乱线的运用很容易控制景物的收放关系，使画面显得生动活泼。

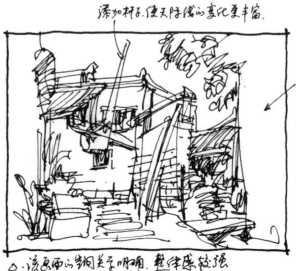

◎ 以线条为主的钢笔画，下笔要酣畅流利，描绘景物要有相当强的概括力，要使景物生动的形象和线条流利的形式密切地联系在一起。

◎ 自信的线条，虽看似随意，却使形象更为生动。

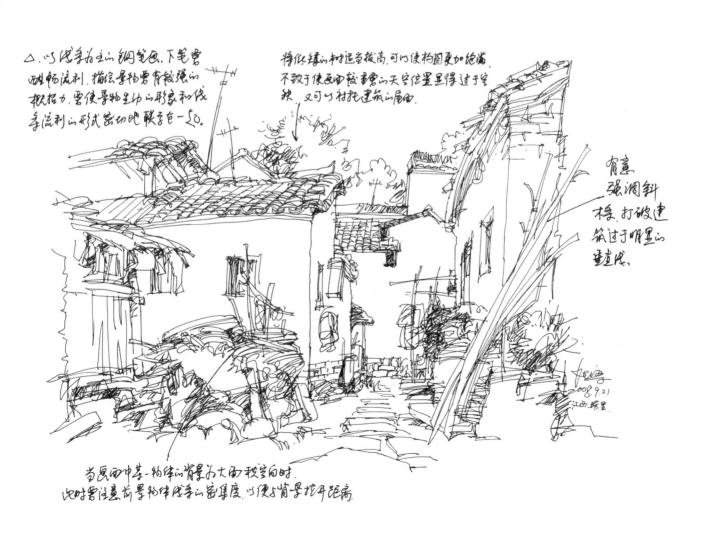

◎ 在线描类的钢笔画中，线条的疏密组合构成画面的表现形式。重点部分的线条可密集一些，而次要部分的线条则可松散一些，这样线条的密集部分与松散部分形成对比，有助于形成简约生动的艺术效果。

◎ 在空间中，越远的建筑处理手法上要越简单、越概括。

◎ 粗线用来描绘大的轮廓线，细线则是表达结构细节或表面肌理。这种画法使空间层次分明。

◎ 画面要注意节奏的变化。节奏变化可通过线条的浓淡、粗细、曲直、长短等实现，同时，形体的轮廓线也是构成画面节奏感的重要因素。

△ 该画面虽然以同一粗细的线条来表现，但在组织线条的过程中，注重疏密对比和变化，画面显得生动、自然，并且有空间感。

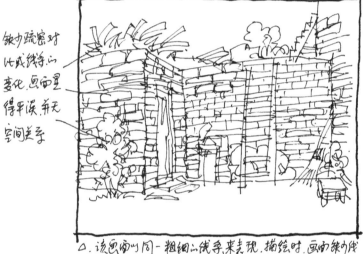

缺少疏密对比或线条的变化，画面显得平淡，并无空间关系。

△ 该画面以同一粗细的线条来表现，描绘时，画面缺少线条的疏密对比，导致画面显得平淡，空间感不强。

粗线为外轮廓线，细线为结构线，层次分明。

△ 该画面以粗细的轮廓线、建筑或物体的、细线为结构线，使物体的结构清晰，层次分明，并具有一定的空间感。

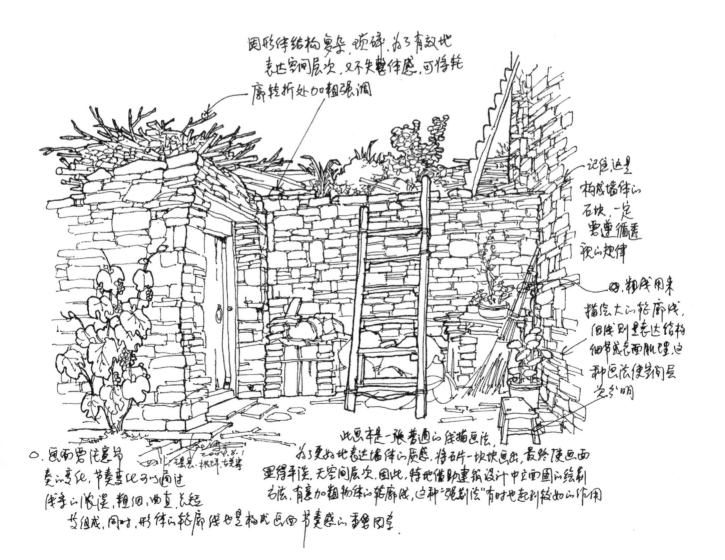

△ 压低山的轮廓线，使其更平缓，画面显得更加自然和谐。

△ 调整后山的负形（底）显得较为内敛、含蓄，使画面更加和谐、自然。

◎ 线的粗细虚实、疏密组合，不仅能体现一定的空间距离，还能体现景物的明暗。这通过表现景物时，对空间距离和明暗的提炼与概括实现。

◎ 远景山体画出轮廓便可。

灰形面积（底）在画面中呈三角状态过于显眼，使得背景的山体呈放射状，较为张扬，同时也削弱了主体。

△ 处理画面时，有时需适当注意正负形（底图）的转换关系，负（底）形在画面中别扭时，正（图）形肯定也不是很和谐。

表现——线描画法——不同粗细线条组合

◎ 运用粗细一致的线条，画面感觉相对单调呆板，而运用粗细轻重变化的线条在同一画面中的相互穿插和组合，则产生生动活泼的画面效果，建筑形态也有明显的立体空间感。

◎ 物体的转折(即明暗交界线)处，采用粗笔，更容易塑造形体。

◎ 物体位置的远近，形体的大小，也是表达空间感的有效方法。

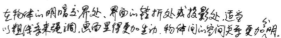

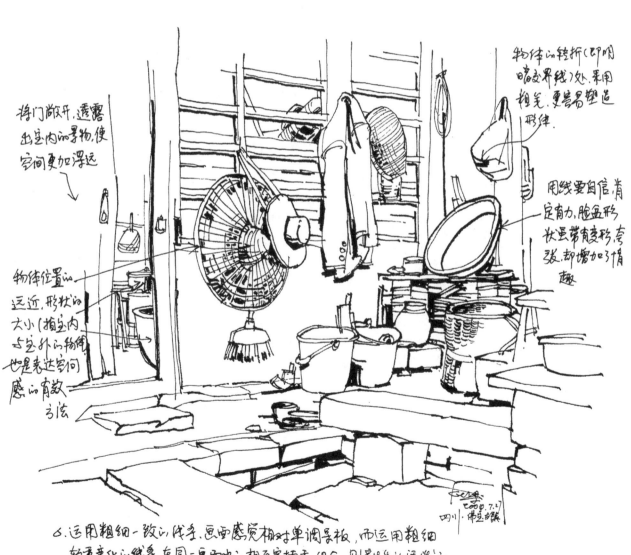

8.运用粗细一致的线条,画面感觉相对单调呆板,而运用粗细轻重变化的线条,在同一画面中相互穿插和组合,则产生生动活泼的画面效果,建筑形态也有明显的立体空间感。

◎ 强化线条粗细对比，剔去无关紧要的中间层次。粗细线条的合理布局往往使画面显得精练、概括，赋予作品很强的视觉冲击和整体感。

◎ 肯定有力的线条，会使画面显得更加轻松，潇洒。

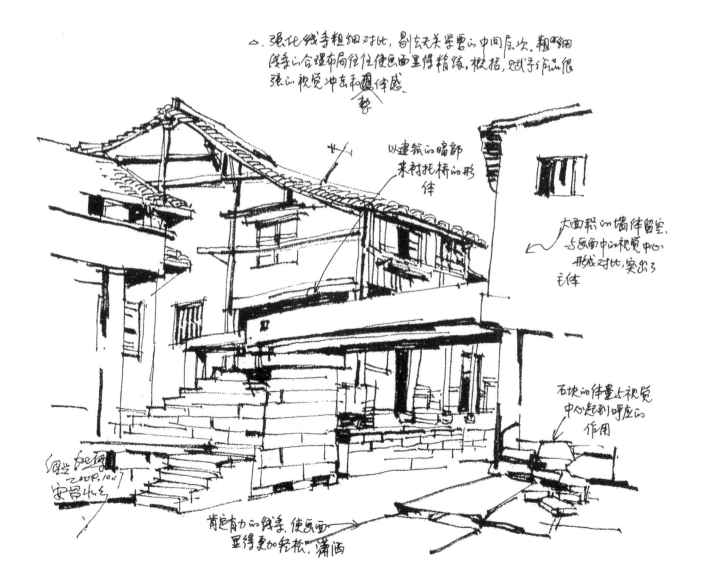

◎ 用粗线强化形体的结构、细线条与粗线条组合，可以使图面取得多样化的效果。

◎ 粗线一般用来表现空间的暗面或投影处。

◎ 远处景物可用细线来表达。

表现——线描画法——不同粗细线条组合

◎ 用明暗方法绘制钢笔画时，不强调表现形体结构的"线"，更注重的是表现形体空间的"面"。

◎ 用明暗画法作画，画面的光影变化自然，明暗过度细腻，所表达的景物富有层次感和空间感。

◎ 以明暗的表现形式，加强对物体体量的理解、认识和表现力度，强化画面的视觉效果。

◎ 区分两形体的最有效方法是强调某一形体的明暗。

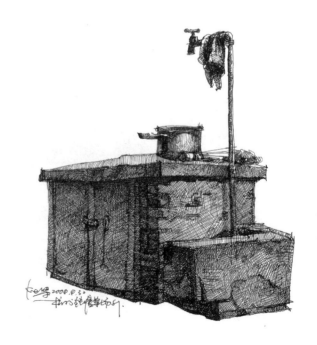

表现——明暗画法

明暗交界线缺少明暗对比，物体缺少立体感。

界面缺少明暗层次的变化，如交界线和反光的对比差。

○. 该画面中物体量的界面缺少层次，明暗层次的变化，和界面之间的明暗变化，画面显得平淡，缺少体量感和空间层次。

○. 用明暗方法绘制钢笔画时，不强调表现形体结构的线，而更注重的是表现形体空间的面。

○. 明暗钢笔画，用这种方法作画，画面的光影变化自如，明暗过渡细腻，所表达的景物富有丰富层次感和空间感。

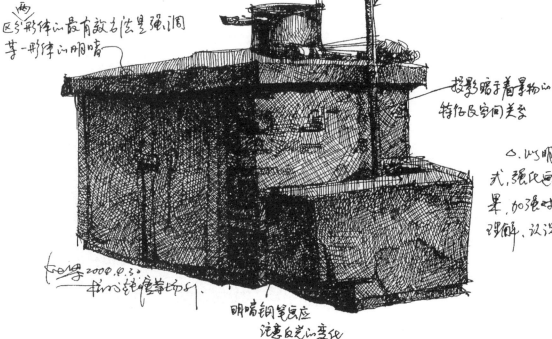

一块洗碗布，在画面中可起到画龙点睛，硬与柔的对比，而水管则是连接造型面之间的线

区分形体的最有效方法是强调每一形体的明暗

投影暗于着景物的特征及空间关系

○. 以明暗的表现形式，强化画面的视觉效果，加强对物体体量的理解、认识和表现力度。

明暗钢笔反应注意自光的变化

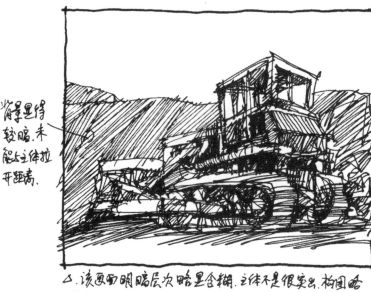

△ 该画面明暗层次略显含糊，立体不是很突出，构图略显平淡。

◎ 钢笔画中通过线条排列、重叠的方法去表现画面的色度与明暗关系。这种笔触的合理组织，能够表现物体的光影、体积和空间层次。

◎ 黑白布局是钢笔明暗画法的画面所要追求的一大艺术特色，合理的黑白处理会使画面具有较强的视觉冲击力。

◎ 投影对强调体量、空间关系起着很有效的作用。

△ 该画面明暗层次分明恰当，立体突出。

表现——明暗画法

投影对强调体量、空间关系起着很有效的作用

○ 钢笔画通过线条排列、重叠的方法,表现画面的色度与明暗关系,这种笔触的合理组织,能够表现物体的光影、体积和空间层次,使钢笔画获得明暗素描作品的视觉效果。

○ 黑白布局是钢笔画明暗画法所要追求的一大艺术特色,合理的黑白处理,能够使画面更具有较强的视觉冲击力。

◎ 钢笔明暗画法，有助于强化建筑的形体块面意识，培养对空间层次虚实关系及光影的表现能力，以此强化画面黑白构成的组合经验。

◎ 以"暗"为主调的明暗式钢笔画，画面中小面积的留白处，可形成强烈的视觉对比，成为画面的焦点。

明暗交界过于明确，显得生硬。

暗部交界处过于清晰

△ 该画面中物体间的明暗关系过于明确，缺少变化，导致画面显得过于生硬。

界面含蓄，却清晰又富有变化

△ 该画面中的物体的明暗关系较为含蓄，富有变化，画面显得较为生动。

乱中无序的线条，导致画面更加凌乱。

△ 该画面以乱线的形式表现建筑的空间层次，但因缺少物体明暗的大关系，导致画面显得凌乱，无空间层次，乱线显得更加无序。

◎ 乱线在钢笔画中运用得较为广泛，涂鸦式的线条虽看似捉摸不定，给人一种轻松自由、蓬松柔软的感受，但仍然隐含着对明暗和形体结构的交代，它有着自己的运动节奏和统一性，画面给人以整体感。

◎ 树冠的形态可以用几何形体的特点去观察、把握和概括。

◎ 可通过檐口下阴影的刻画表现出挑的檐口。用阴影的明暗关系拉开檐口与墙面的空间距离。

乱中有序的线条，使画面物体的层次分明。

△ 该画面虽以乱线的形式来表现，但因把握住建筑及物体的大关系，使画面中的线条乱而有序，建筑及物体的层次分明，空间感强。

◎ 建筑画中，中景往往是重点所在，是画面的主题，或称趣味中心。写生时，应着重描绘，一般明暗对比强烈，细部结构明显，材料纹理清晰，具有较强的体积感。

◎ 近景的主要作用可使画面增加空间层次，起衬托的作用。所以在描绘时，近景中的物体可能是一个整体，也可能是局部。

取消背景的树木，使主体更加突出。

△ 该画面明暗层次分明，主体突出，空间感强。

高大密集的树木，削弱了主体在画面中心的作用。

层次较为混乱

△ 该画面的明暗层次欠分明，导致画面显混乱，主体不突出。

表现——明暗画法

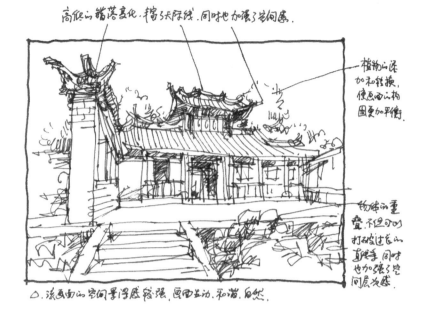

◎ 以线条排列组合反映明暗层次的画法可表现建筑和物体的空间体量感和层次感,其往往是在透视关系准确、比例结构严谨的骨架基础上,赋予合理的明暗关系。

◎ 明暗画法中,乱线的运用很容易控制景物的收放关系,使画面显得生动活泼。

表现——明暗画法

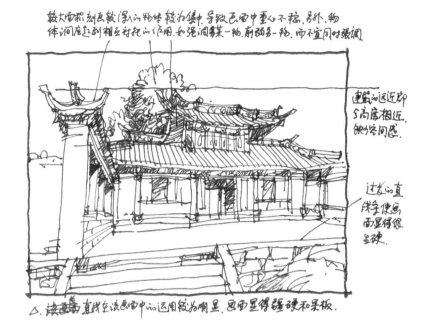

△ 该画面直线应用运用较为明显，画面显得强硬和呆板。

△ 以波导排列，
组合明暗层次的画法可表
现建筑和物体的空间体量感和层次感，其往往是在透视关系准确、比例
结构平稳的骨架基础上，赋予合理的明暗关系。

◎ 钢笔画的概念已不仅仅局限在以钢笔、签字笔等工具所表现的画面，而已经拓展到圆珠笔、记号笔、宽头笔、软性尖头笔、麦克笔(黑色)等等为工具所表现的画面。只要敢于尝试和探索，不难发现有些工具具有极强的表现力，为拓展钢笔画的艺术效果带来了最大的可能，也使钢笔画的表现语言更加丰富多彩。

△ 该画面表现出松散、平淡，画面缺少空间层次关系。

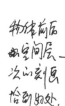

△ 该画面表现出紧凑、空间层次分明、整体感强。

表现——明暗画法

△ 该画面显得较为平淡和松散，层次感欠佳。

◎ 在钢笔写生中，对眼前的自然景物不要"全盘真实化"，要从画面整体的需要出发，有所取舍，有所夸张或有所减弱。这样才能使所要表达的形象更加突出。如果只是客观地表现而不重视主观感受的话，就很可能使画面成为一般的记录式资料，而失去艺术的表现力。

△ 该画面适当强调暗部或明暗交界处，即既表现了建筑的形体和结构特征，同时又强化了建筑的体量感和画面的空间感。

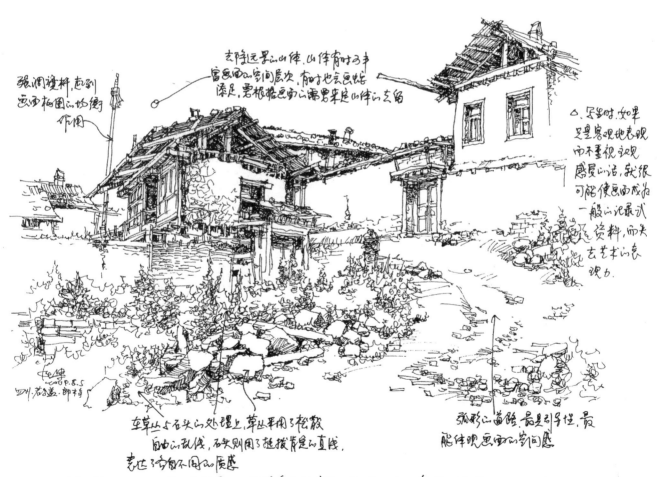

◎ 写生时，因情景而异，心境感受不同，表现的形式也随之改变，但其目的都是为了表现建筑的神韵或风采。

◎ 钢笔写生的表现形式多种多样，画面展示的艺术效果是作画者精神的体现。地域、场所和建筑形态的不同，也使作画者产生不同的意识和感受，从而导致所表现的画面形式也不同。

△. 该画面以线手组合疏密得当，具有一定的空间感。

△. 该画面以线条组合除了疏密得当之外，还在界面的转折或明暗交界处适当地增加明暗以作强调，使画面的视觉中心更加明显，空间感更加强烈。

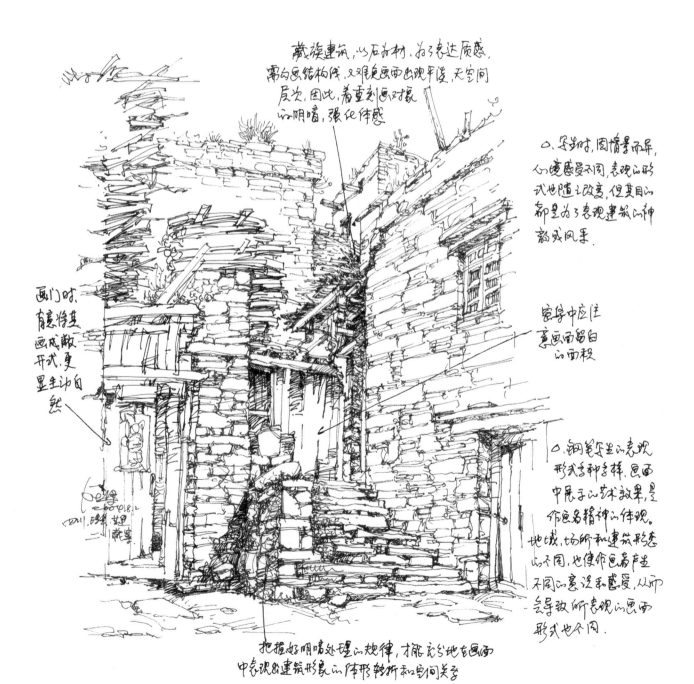

◎ 写生时，有时根据建筑的形态特征和所在位置的透视特点，适当地夸张或削弱透视线，得当地处理虚实、强弱等对比关系，使建筑特征更加明显，视觉中心更加突出，画面层次更加分明。

◎ 在以线条为主结合明暗的综合画法中，用线条描绘形体结构，用明暗表达空间层次。尽管用线加明暗来组织画面，比用明暗和色彩来表达空间层次所受到的局限要多些，但是线条加明暗同样是极富有表现力的，所表现的画面往往具有一定的韵律和节奏感。

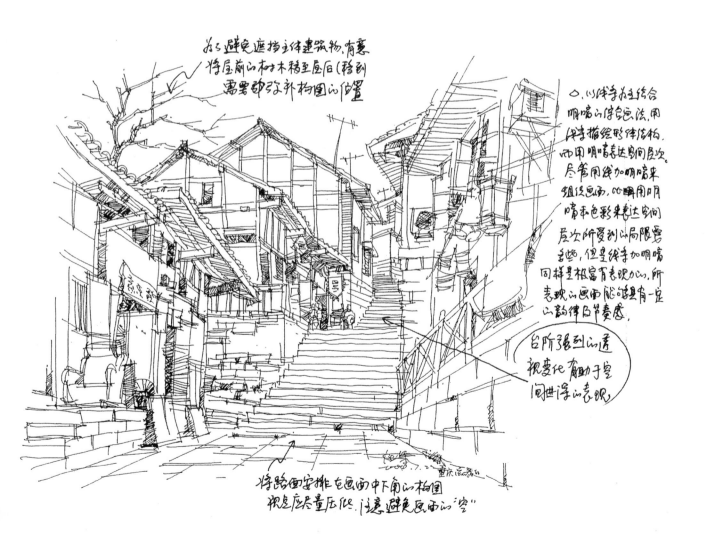

◎ 通过线条排列、穿插、重叠的方法去表现景物的光影，这种笔触的合理组织，能够表现物体的体积和空间层次。

◎ 明暗画法中，乱线的运用很容易控制景物的收放关系，使画面显得生动活泼。

△ 该建筑群由以木承构建屋为主，如果采用结构（线条）的表现形式，处理不当，将导致画面显得琐碎和平均。

△ 该画面以明暗的表现形式，因建筑构件比较复杂，如果处理不当，画面容易破碎，凌散，导致画面不整体。

结构中适当施加明暗，空间特征明显。

△ 该画面以结构加明暗的表现手法，即可以表现建筑的结构特点，又可以表现建筑的体量和空间。

表现——综合画法

◎ 钢笔画综合画法，以线条勾勒物象的轮廓结构线；而表现明暗时，常常将复杂的明暗关系进行概括，归纳成简单的体块认识。简化的形体在光源的照射下，会产生清晰的明暗交界线，也就区分出受光面与背光面。借助这种明暗变化，可以轻而易举地捕捉到物体的立体感。

◎ 当主体处于亮面时，有时需局部加深背景来衬托，反之亦然。

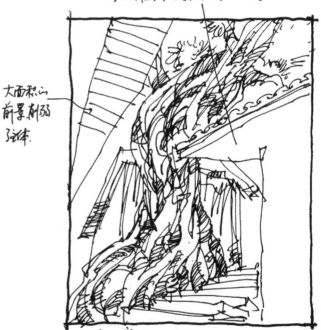

△ 该画面视觉中心突出，主题明确。

◎ 根据建筑空间的结构和特点，合理地运用笔触会给人一种真实亲切的感觉。

◎ 写生时，应做到用笔肯定、大胆、细致，画面轻松豪放，却不失整体感。

◎ 采用以线条为主略加明暗的钢笔综合画法，一定要强调物体主要部分的明暗交界线。

△ 该画面的视觉中心处，因缺少明暗的对比，略显平淡。

表现——综合画法

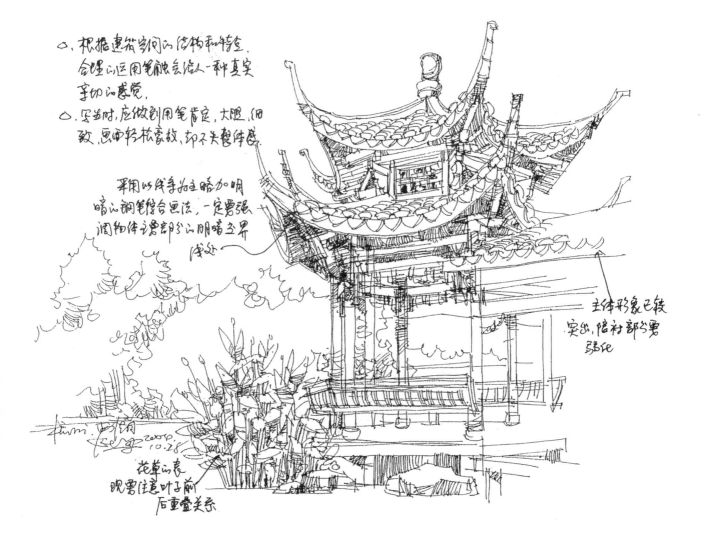

○、根据建筑空间的结构和特点，合理地运用笔触去给人一种真实亲切的感觉。

○、笔触时，应做到用笔肯定，大胆、细致，画面轻松豪放，却不失整体感。

单用以线条为主略加明暗的钢笔综合画法，一定要强调物体主要部分的明暗交界线处

主体形象已较突出，陪衬部分减弱化

花草的表现要注意叶子前后重叠关系

◎ 以线为主适当接合面的钢笔画，用线条来强调物象的形体结构，面做适当点缀和强调，可使得物象的轮廓特征明显，空间层次分明。

表现——综合画法

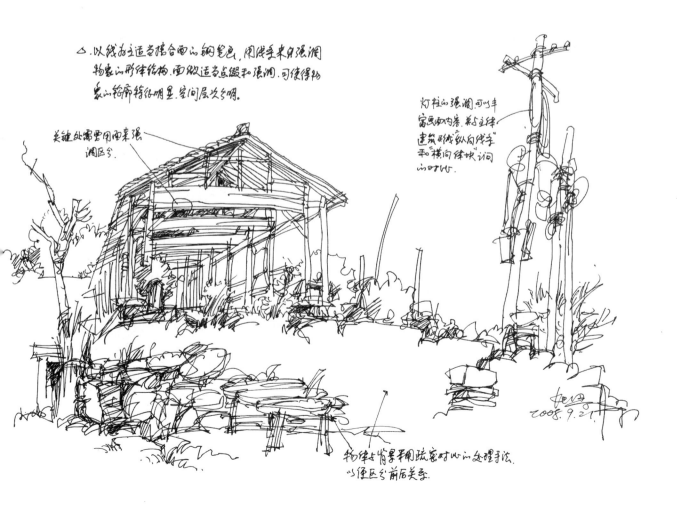

◎ 钢笔综合画法中，以钢笔线条为基础，施以简单的水墨渲染，是对画面的一种补充，也丰富了空间层次，活跃了画面的氛围，从而获得一种特殊的效果。

表现——综合画法

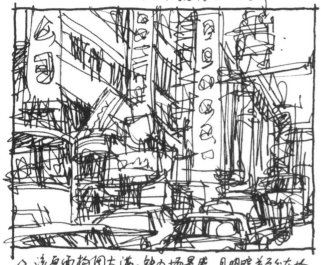

该建筑太大，未能画出顶部，使画得不到舒展，导致不完整。

a．该画面构图太满，缺少场景感，且明暗关系分布均匀，层次感不强。 b．画面显得平淡。

水墨渲染要注意画面黑白对比和节奏感

画面的表现随意、自然，把握整体氛围，可略去细节的刻画

a．钢笔综合画法中，以钢笔线手绘为基础，施以简单的水墨渲染，是对画面的一种补充，也丰富了空间层次，活跃了画面的氛围，从而获得一种特殊的效果。

◎ 绘制钢笔画时，用笔应力求做到肯定、有力、流畅、自由。钢笔画是以线条形式描绘对象，线条除了可以表现建筑的形体轮廓及结构外，还可表现出如力量、轻松、凝重、飘逸，等等。

表现——综合画法

△ 绘制钢笔画时，用笔应力求做到肯定、有力、流畅、自由。钢笔画既以线条形式描绘对象，线条除了是肯定映建筑的形体轮廓及结构外，还可表现出力量、轻松、凝重、飘逸女美等特征与丰富内涵。

◎ 画面的物体不应孤立地存在，而是需要线条（代表某一物体）将其连接在一起，使画面显得更加紧凑。如果加强其紧凑性，画面所表现的建筑或物体将显得更有整体感，并具张力。

◎ 单一独立的线条没有方向性，但当线条运用到具体的物体中时，线条将体现出方向性。应尽量根据物体的结构及透视方向用笔，以便更好地塑造物体。

表现——综合画法

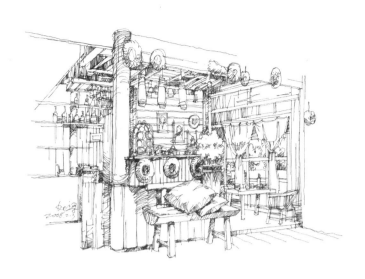

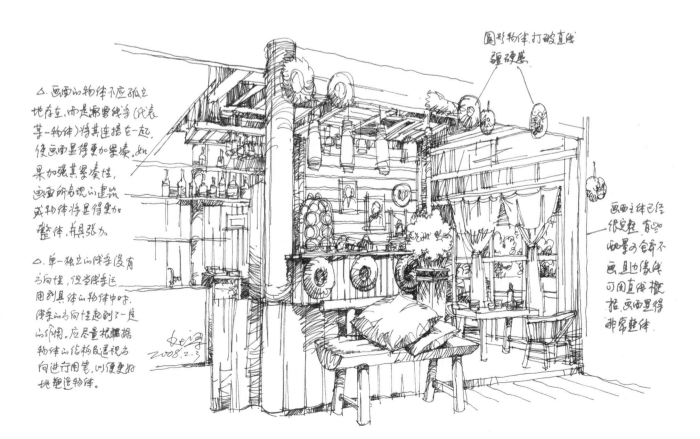

◎ 钢笔快速画法，其画面中的线条往往飘逸潇洒、随意、流畅，表现的趣味性强，虽寥寥数笔而不失建筑的神韵，具有挥毫落笔、一气呵成的气势。

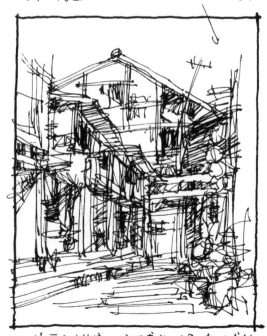

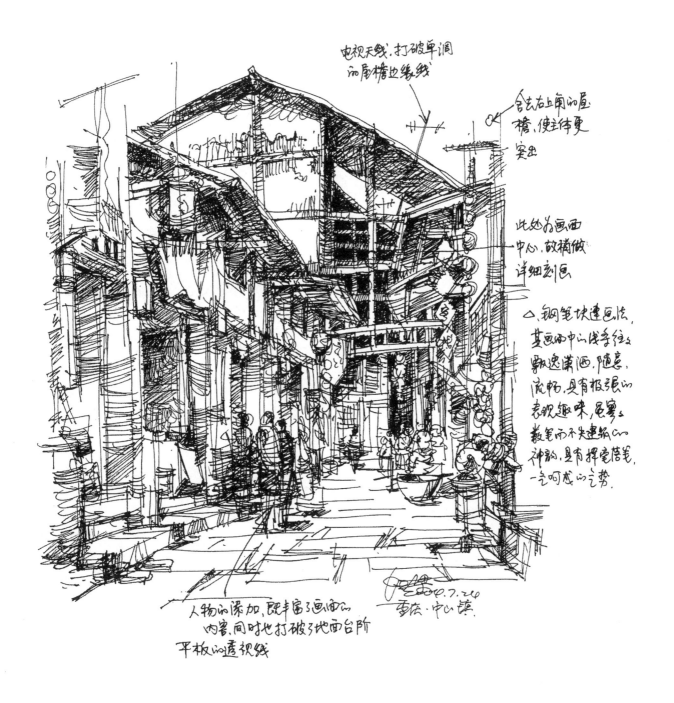

◎ 线条在钢笔画的表现技法中是最为基本的造型元素与表现语言。线条有直线、弧线与乱线之分。钢笔画线条的组合要体现出黑白相间的节奏感和洒脱流畅的韵律感。

表现——快速画法

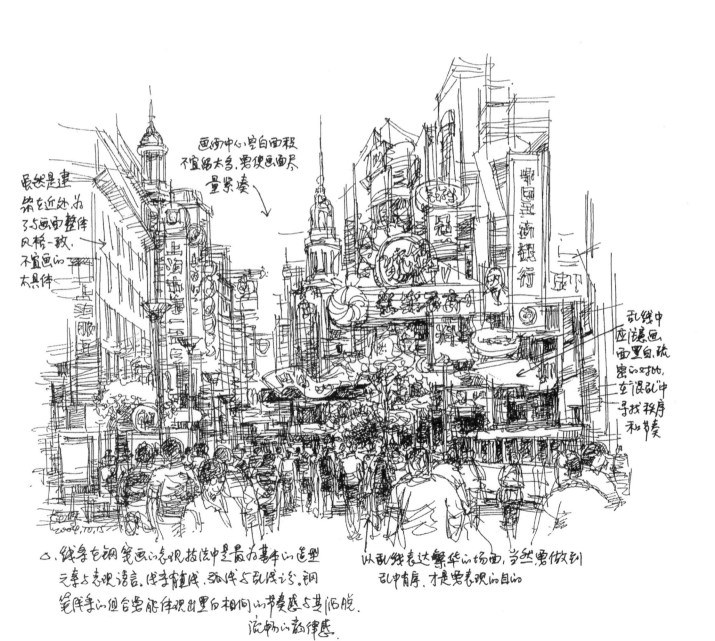

◎ 写生时，采用虚实对比的手法，可以分清主次和远近的关系，使画面产生空间景深感。如果虚实对比处理不恰当，主体将不能突出，且缺乏层次。

○ 同一种题,由于笔墨技巧的变化,可以产生不同的艺术效果。
○ 画面的明暗构图,对于重点的形成,气氛的表现上都是有重要的作用。

◎ 钢笔快速画法是一种形象的视觉笔记，可以迅速地捕捉形象，可以活跃设计思维。它表现成图迅速，有利于提高设计师的方案能力。

◎ 钢笔快速画法的训练还可以培养我们观察事物的能力和用艺术形式概括地表现事物的能力。

表现——快速画法

◎ 钢笔快速画法，由于实用性和便捷性，是每个建筑师及相关专业人员必须掌握的表现手法之一，也是相关人员在进行思考、记录、传达意念的主要手段。

◎ 人物在钢笔画中可起到烘托主题、渲染环境氛围、再现场景真实的作用。

△ 该画面里得散的平淡，天空太空和地空旷，导致构图不是太完整。

△ 该画面的场景气氛较好，气球球和人物的添加恰到好处。

表现——快速画法

一三九

建筑画一般视点以透视，总是天空留空多，地面留空少

人物可起到烘托主题、渲染环境氛围、再现场景真实的作用

△、钢笔画快速画法，由于实用性和便捷性，是每个建筑师及相关专业人员必须掌握的表现手法之一，也是相关人员进行思考、记录、传达意念的主要手段。

◎ 以随意性线条为主且速度较快的画法可表达建筑的体块及空间关系。虽然只表达建筑大体空间关系，忽略细节，却能把握空间的比例及特征，所表达的画面具有独特的艺术审美价值和感染力。

△ 该画面构图饱满，前后配景搭构贴切，主体突出，空间透景深感较强。

表现——快速画法

缺少远处建筑的过渡，导致画面的景深感不强。

△ 该画面的建筑整体的表现较好，而构图采用的是纵向幅式，使得画面显得有些局促，建筑得不到很好的舒展。

画面片。不必画得太满，可以从密集逐渐到简单概括过渡

植物使画面构图更加饱满

次要物体。简单示意即可，不必画出具体形状

△ 以随意性线条为主且速度较快的画法，可表现建筑的体块及空间关系。虽然只表达建筑的大体空间关系，忽略细节，却能把握空间的比例及特征，所表达的画面具有独特的艺术审美价值和感染力。

5

HUAMIANCHULI

HUMIANCHULI

| 概 括 | 取 舍 | 对 比 | 调 整 |

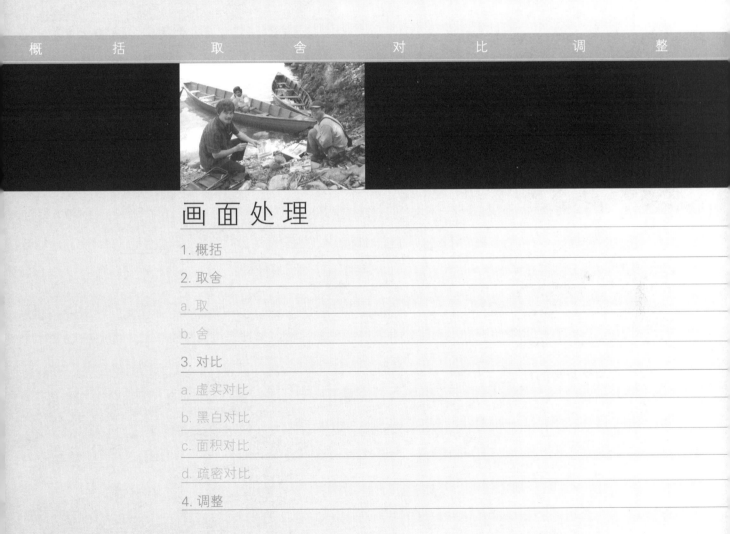

画面处理

1. 概括
2. 取舍
   a. 取
   b. 舍
3. 对比
   a. 虚实对比
   b. 黑白对比
   c. 面积对比
   d. 疏密对比
4. 调整

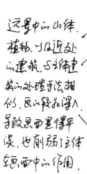

◎ 写生要有重点、有主次，写生过程特别要注意归纳对象的关系，简化层次，突出主题。

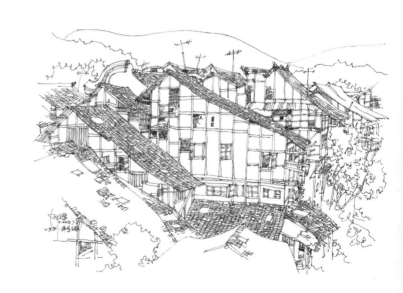

画面处理——概括

一四五

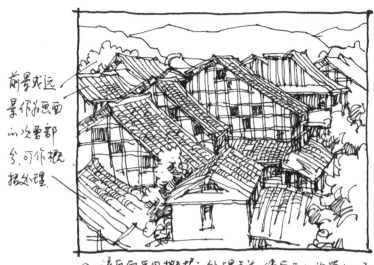

前景或远景作为画面的次要部分,可作概括处理。

一、该画面采用概括的处理手法,使画面的视觉中心更明确,空间层次更分明。

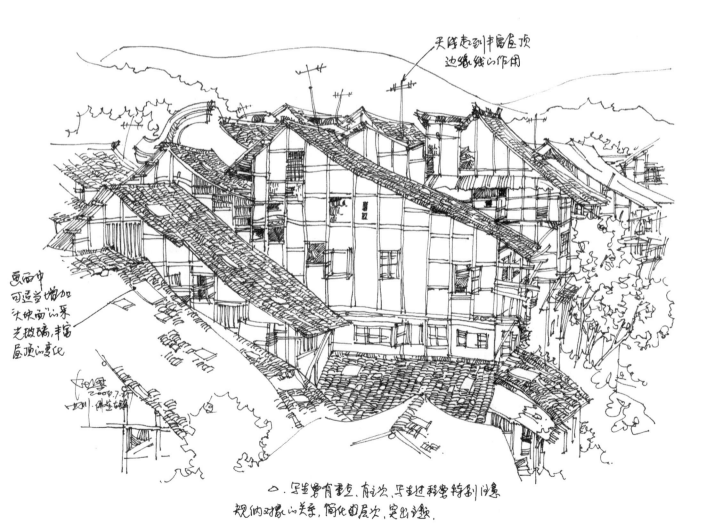

天际线到非主屋顶边缘线的作用

画面中可适当增加天线等细节,丰富屋顶的层次。

一、写生要有重点、有主次,不要过于拘泥细节。规纳对象的关系,简化画面层次,突出主题。

◎ 概括是写生时对画面的重要处理手法。只有善于从纷乱繁杂的事物中，抓住能够反映本质的要素，并进行适当的概括和提炼，才能够表现出事物的基本特征。

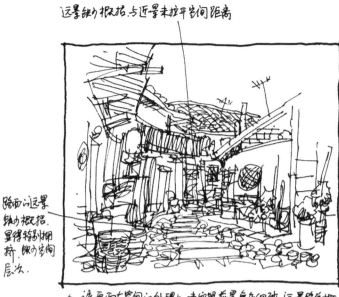

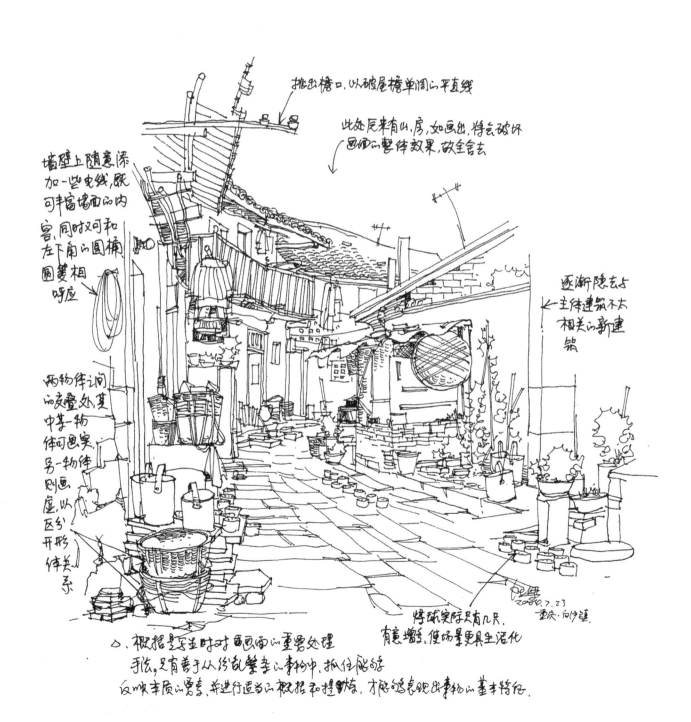

◎ 钢笔画依靠曲直、粗细、刚柔、轻重等富有韵律变化的线条，概括地表达对象复杂的形状和特征。

△ 该画面缺少概括的处理手法，画面显得较为凌乱，也显得较为平淡，主体不突出。

△ 该画面物体较为概括、整体，使得画面的主体突出，层次分明。

画面处理——概括

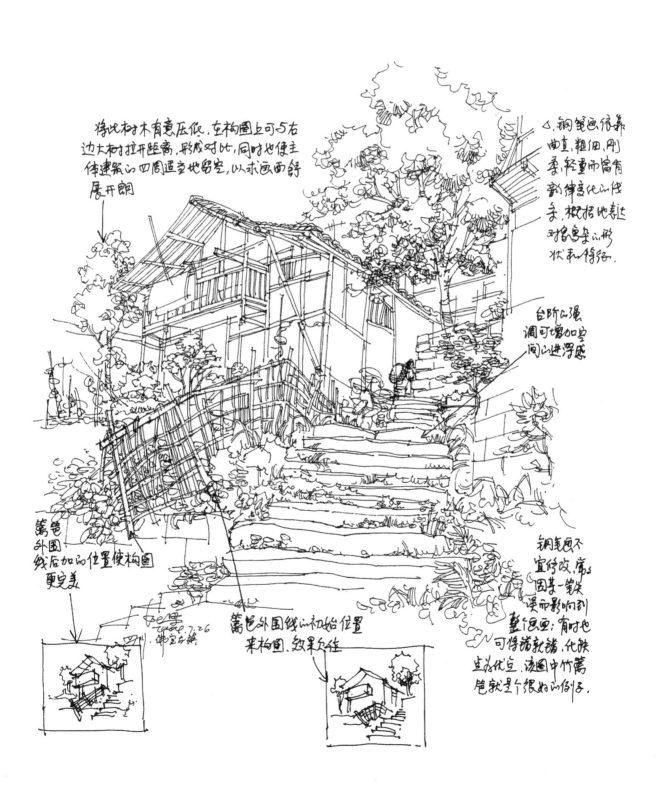

◎ 写生不等于照相。面对景物，不可仅仅停留在准确如实地描绘对象上，而是要主观地进行艺术的处理，运用概括、取舍、对比等手法，使画面具有强烈的艺术感染力。

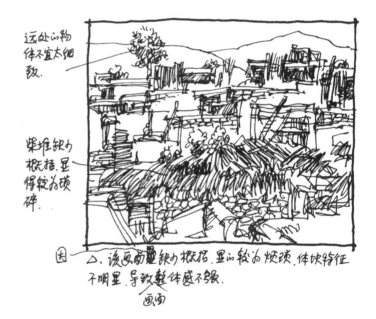

远处的物体不宜太细致。

柴堆缺少概括，显得较为琐碎。

因 △.该画面量缺少概括，显山较为琐碎，体块特征不明显，导致整体感不强。
画面

柴堆概括简练，体块特征明显。

△.该画面所展示的物体较为概括，体块特征明显，层次分明，整体感较强。

画面处理——概括

◎ 概括的目的是提炼景物的形态特征，使画面和谐统一，更具整体感。缺乏归纳，不分主次的画面会显得松散无力。

△ 该画面的物体概括得当，层次分明，空间感较强。

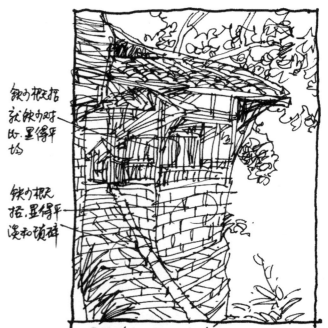

△ 写生不拘于照相，不应将所看到的物体或物体中的结构都表现在画面上，否则，容易导致画面琐碎。缺少主次。该画面就是因为缺少概括和取舍，使画面显得平淡。

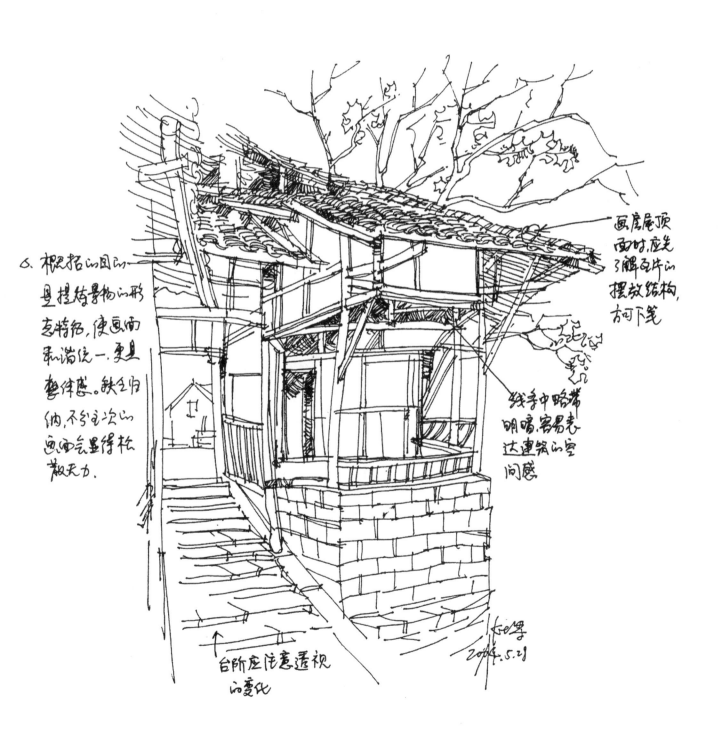

◎ 画木板、墙体（或相似物体）时，要以整体的眼光看待"板"或"体"，而不宜过于强调画面中的细节。只要抓住整体并适当地表现其细部主要特征，所表现的物体质感明显而且整体感强。

画面处理——概括

◎ 钢笔画依靠同一粗细线条或不同粗细线条的疏密组合、黑白搭配，使画面产生主次、虚实、节奏、对比等艺术效果。

◎ 线条的组合得当与否，直接影响着对物体形体的塑造。线条在画面中起着决定性的作用，所以线条的组合要有一定的规律和方法。

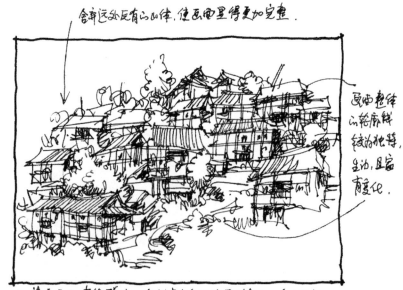

△ 该画面的建筑群体的"体块"特征明显，植物的遮挡得当，又富于变化。画面紧凑且整体性强。

画面处理——概括

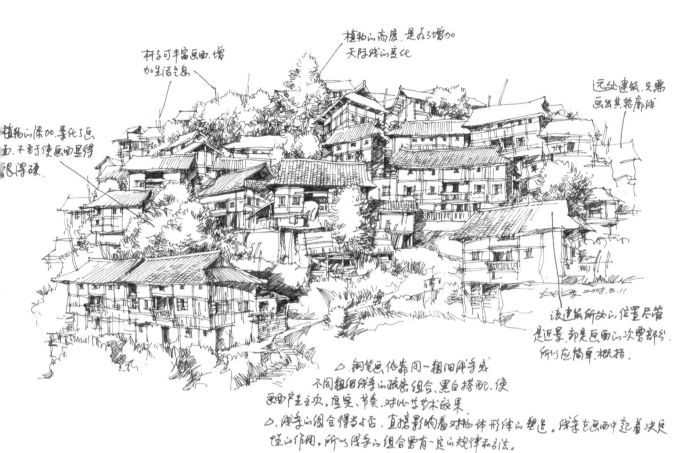

◎ 钢笔写生构图过程中，可对景物作大胆取舍。在表现手法上，也可对明暗作同样的"取舍"处理。

◎ 写生时，用线条表现建筑物的形体和结构线。如果透视线不是很强烈，容易使画面显得单调和平面化。为了使画面具有空间感、光感或立体感，可以在所绘建筑形体的转折面或暗部略施明暗，以取得理想的效果。

画面处理——取舍——取

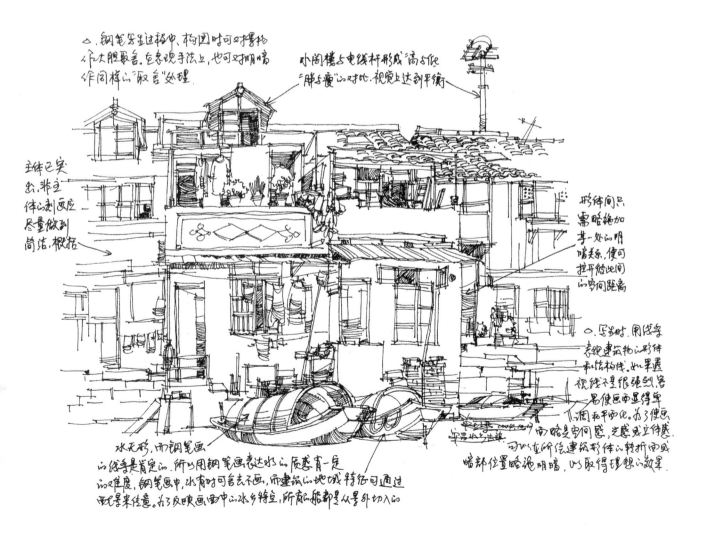

◎ 写生时，根据画面的需要，有时将构图以外的景物创造性地移植到画面上。这需要客观的分析和理性的思考，从纷繁的自然形体中寻找合适的形体加以表现。

△ 画面显得较为凌乱，主体不明显，主题不明确，缺少主观处理。

从画外取入的物体，形成一体块，在构图上能和主体形成呼应和平衡的作用

主观降低或取消背景的树木，使主体（亭子）得到更好的舒展，也使画面更加宁静

△ 通过主观取舍的画面，主体突出，空间层次分明，构图完整。

画面处理——取舍——取

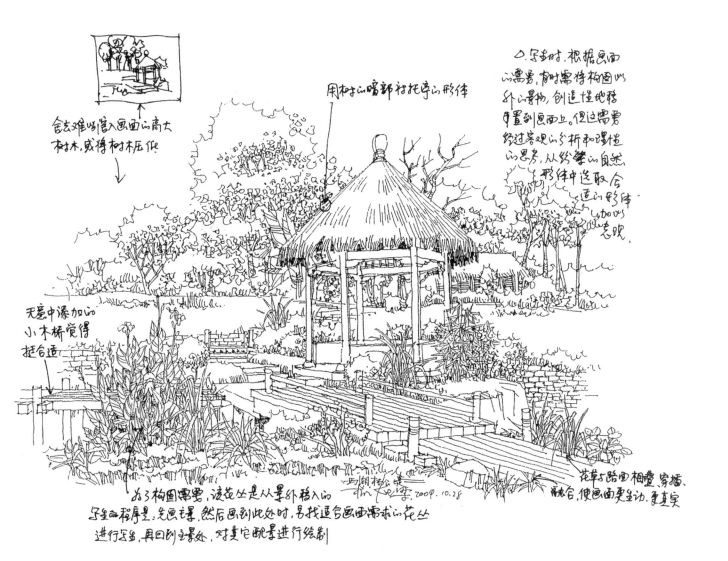

◎ 一幅建筑钢笔画的画面，应有主次、轻重、虚实之分，以形成画面的视觉中心。缺少视觉中心的画面将显得平淡、呆板而缺少生气。为了强调画面视觉中心，常需对画面进行主观的艺术处理来突出某一区域，从而将观者的注意力引向构图中心，形成强烈的聚焦感。

◎ 景物属于自然的形态，不可能处处合乎作画者的构想，写生是对自然景物的一种提炼，作画时，可以根据画面构图、处理的需要，进行大胆的概括和取舍，以达到理想的艺术效果。

◎ 线条疏密的合理安排，不仅能使画面生动有趣，也有助于体现空间层次。

◎ 飞鸟可起到均衡构图和引导视线的作用。

画面处理——取舍——舍

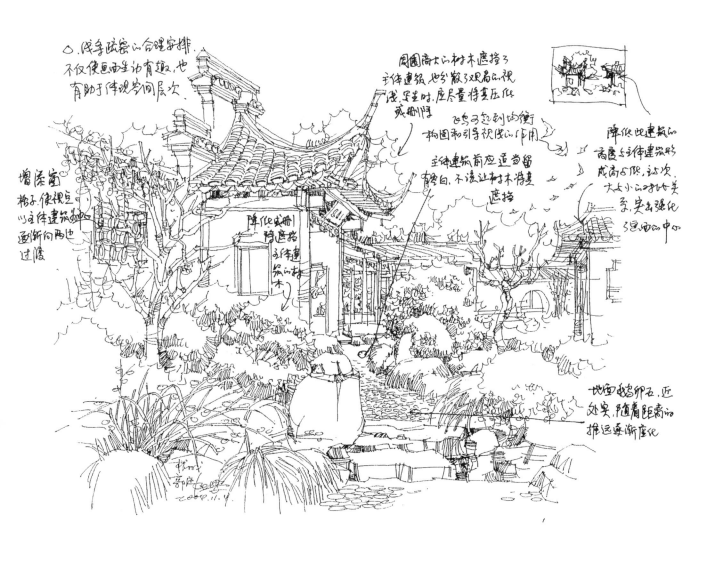

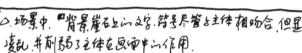

◎ 通过对自然景物进行观察，选择画面所需的形象，舍弃多余物体，才能更直接、更明确地反映主题，把握画面。

◎ 主体往往是均衡画面的支撑点。

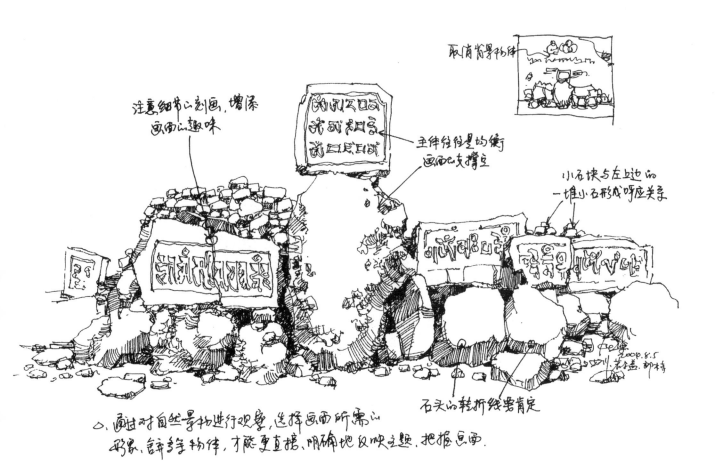

◎ 写生时，通过对景物的认识和理解，有目的地去组织构图，经过取舍、概括、提炼、加工，表达出自己对场景的感受，而不是照抄原始面貌。

◎ 观察选景时，画面中所展现的景物应给人以强烈的整体感，因此，在写生中那些有损画面整体感的物体应予以舍弃。

△ 主观舍弃背后建筑的画面，主体更加突出，天际线更富有变化，画面更加整体和完整。

△ 画面整体感虽较强，但主体不明确，并缺乏空间层次感。

画面处理——取舍——舍

一七一

◎ 虚实是处理空间远近关系的最好方法，"实"可通过密集的线条来表达具象的物体，而"虚"则是通过疏松的线条来传达抽象的形态。

◎ 钢笔画的用线方法，要求其线条挺直而准确，避免慢描细画，常以较快速度画出线条。有时，某些线条表现欠准确，可再画线纠正，甚至可以在多根线条中寻求一根准确的线条。这样反而能增加了钢笔画特有的杂而不乱的艺术魅力。

◎ 钢笔速写用笔需做到肯定、有力，不要画出缺乏自信的线条。

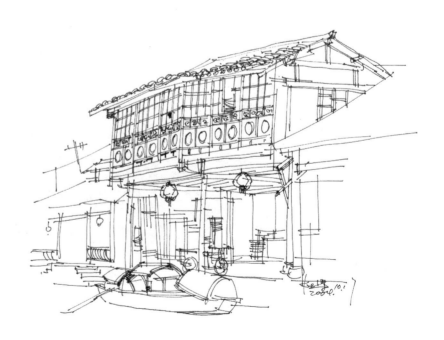

处理主次时，不应平均对待，应有所区别

△ 画面的处理不应平均对待，而根据主次不同，刻画的深入程度应地有所不同。区别。否则容易导致画面效视平淡。觉中心不明确。

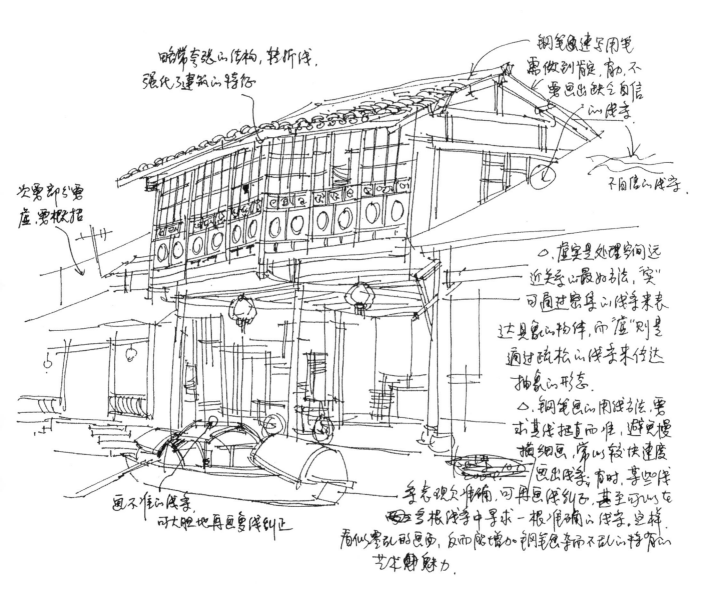

略带夸张的结构、转折线，夸张古建筑的特征

钢笔画速写用笔需做到肯定，刚不要画出缺乏自信的线条

不自信的线条

次要部分要虚、要概括

画不准的线条，可大胆地再画多线条纠正

○ 虚实是处理空间远近关系的最好方法，"实"可通过密集的线条来表达具象的物体，而"虚"则是通过疏松的线条来传达抽象的形态。

△ 钢笔画的用线方法，要求其快捷直而准，避免慢描细画，常以较快速度画出线条。有时，某些线条表现欠准确，可用多线条纠正，甚至可以在多根线条中寻求一根准确的线条。这样看似零乱的画面，反而能增加钢笔画零而不乱的特有艺术魅力。

△ 缺少虚实对比的画面，显得平淡和松散，视觉中心也不明确。

△ 强调画面中的某一部分内容，使画面的主次成虚实对比关系，画面的视觉中心明显，空间层次感强。

◎ 虚实对比的处理手法，往往是近景或主要物体需刻画详细，远处或次要景物要概括、简练。这样，画面的主次更加分明，形成较好的空间层次。

◎ 空间层次关系的表达，有时需要采用虚实对比的方法。

画面处理——对比——虚实对比

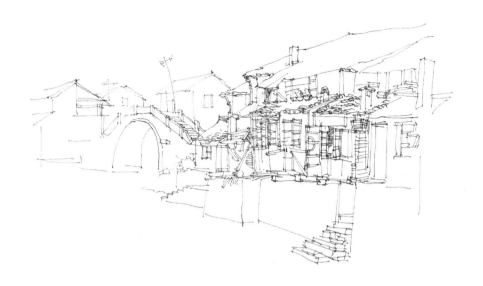

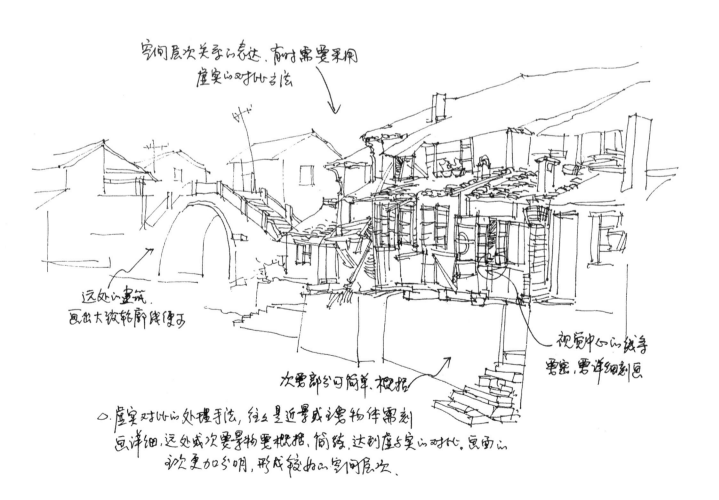

空间层次关系的表达，有时需要采用虚实的对比手法

远处的建筑，画出大致的轮廓线便可

次要部分可简单、概括

视觉中心的线条要密、要详细刻画

○. 虚实对比的处理手法，往往是近景或主要物体需刻画详细，远处或次要景物要概括、简练，达到虚与实的对比，层次更加分明，形成较好的空间层次。

◎ 不论是多么复杂的物体，只要通过整体看待事物的眼光去分析理解，把握物体的大体关系，并注意其次序性，所表现的画面将具有整体性，且具有体积和空间感。

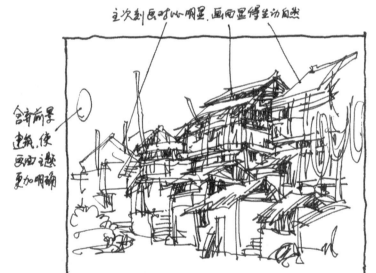

画面处理——对比——虚实对比

◎ 写生时，远处的景物只需表现其大概的形态和简单的色调，尽量运用简单的线条及其组合形式。对于近景，力求详细地刻画，并运用复杂多样的线条及其组合形式去表现，使画面形成远简近繁或远虚近实的对比效果，丰富了画面的空间层次。

△ 该图画主体突出，但画显飘孤立，缺少场景感。

画面处理——对比——虚实对比

增加中远景,也增加了空间层次.

△.该画面主体突出,主次面积比例适当,空间层次感较强.

○.写生时,远处的景物只需表现其大概的形体和简单的色调,尽量运用简单的笔法及复合形式.对于近景,力求详细的刻画,并运用多种多样的线条及其组合形式去表现,使画面形成远简近繁或远虚近实的对比效果,丰富了画面的空间层次.

◎ 黑白对比的处理手法在画面中往往以黑、白、灰关系表现景物的层次。三者之间的对比和穿插运用得当，可以表现出景物远近的空间距离，使画面产生透视纵深感。

△ 缺少明暗对比的画面，空间关系平淡，视觉中心不明确。

△ 该画面以明暗对比来强化其视觉中心，并区分物体的形体和空间层次关系，使画面的主次分明，空间感强。

画面处理——对比——黑白对比

△ 强调画面的明暗对比，增强了光影效果，也增强了画面的视觉感染力。

◎ 在阳光照射下，明暗的对比是景物最显著的特征之一。明暗对比的强弱，影响到物象体量和特征的明显与否。写生时，只要注重强调黑白明暗关系，就容易表现建筑的立体空间效果。

◎ 受光面和阴影面在明暗上应拉开层次。

画面处理——对比——黑白对比

△. 该风画构图饱满，但明暗对比相对较弱，画面显得较为平淡。

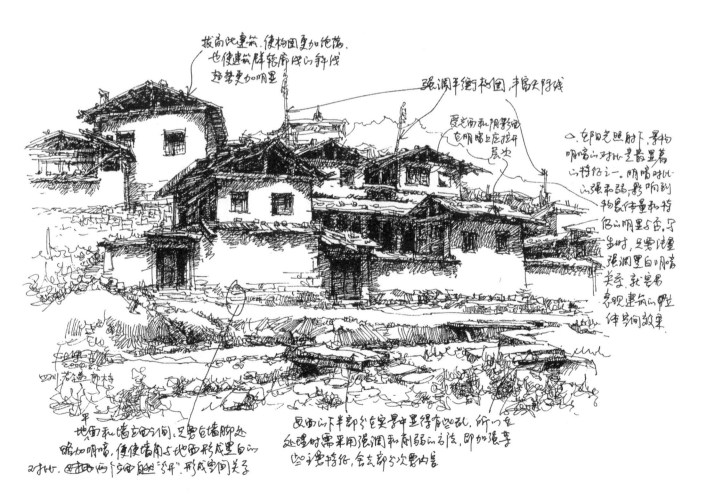

◎ 要想将景物描绘成具有空间立体感的艺术形象时，可通过以下几种处理手法：采取景物大小分布、前后位置重叠来区分空间远近关系；运用对比来表达前后空间关系；借助透视原理来展示空间层次关系。

结构交界界处应强调明暗对比关系。

△ 该画面的明暗对比强烈，建筑空间特征明显，并具有夸张的视觉冲击力。

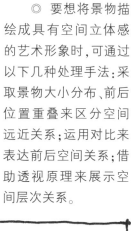

缺少明暗对比关系，显得平淡。

△ 该画面的明暗对比不是很强烈，建筑的体量感和空间感不强。

画面处理——对比——黑白对比

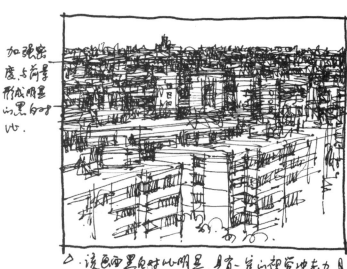

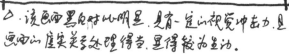

◎ 黑白的对比，易产生强烈明确的空间视觉效果和丰富的节奏感。

◎ 画面中较清晰的物体，往往是画面的重点所在，可通过黑白对比的手法，将其呈现出来。对比愈强烈，物体愈清晰。而远景或次要部分的对比则需相对削弱，使其逐渐隐退，以增强画面的空间纵深。

画面处理——对比——黑白对比

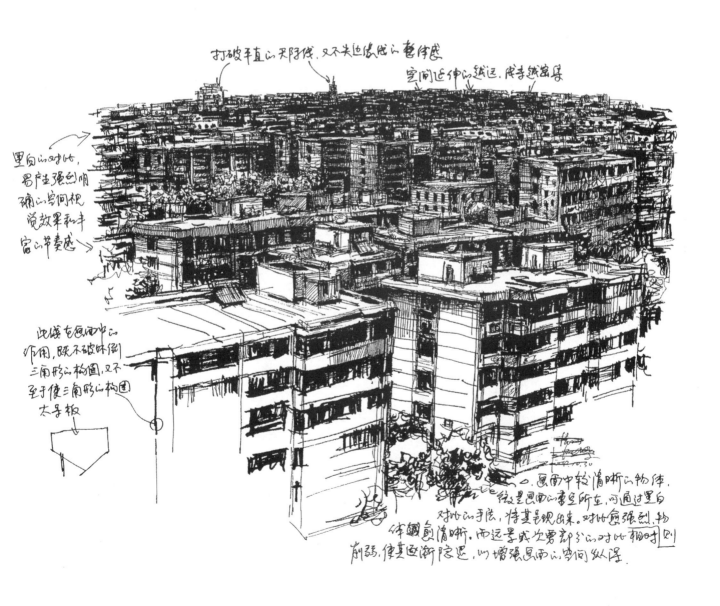

◎ 面积对比的处理手法，往往是主体形象在画面中所占的面积较大，起到主导的作用，而次要部分所占的面积较小，只起陪衬和呼应的作用。

◎ 建筑画中，往往有意安排近、中、远景，这样的画面具有丰富的层次感，可使空间显得格外深远。

◎ 处理暗部时，要适当留白，这是使空间"透气"的最有效方法。

建筑作为配景,且又是远景,体量不宜太大.

① 主次线的面积大小的对比,导致画面主题不明确

◎ 在景物的明暗构图中,常以加强和减弱明暗对比的手法来构成画面的趣味中心。

◎ 线条本不具有光影与明暗的表现能力,只有通过线条的粗细变化与疏密排列,才能获得各种不同灰度的色块,表达出形体的体积感与光影效果。

将建筑的体积缩小,使画面的主体更加明确

① 石头作为主体和近景,与房子形成强烈面积对比,使画面的主题明确,突出.

画面处理——对比——面积对比

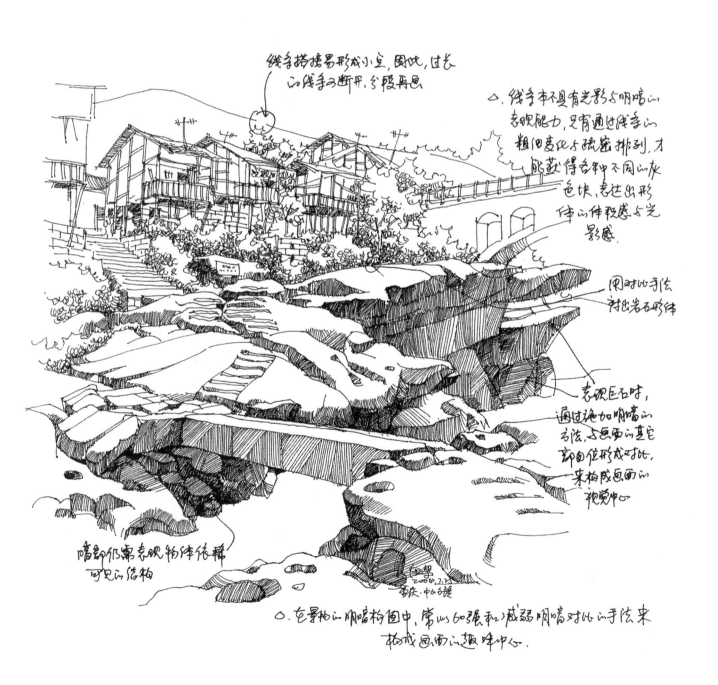

△ 缺乏的组织疏密疏密对比，画面显得平淡和松散。

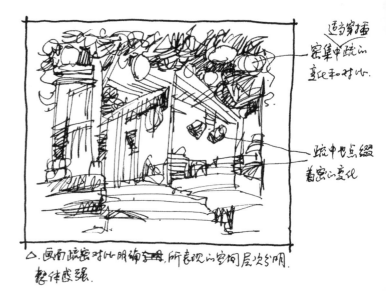

通过穿插密集中疏化变化和对比。

疏中也点缀着密化变化。

△ 画面疏密对比明确合理，所表现的空间层次分明，整体感强。

◎ 疏密对比的处理手法，画面中应做到"疏"衬"密"，"密"衬"疏"，大面积的"密"中渗透着"疏"，大块面的"疏"中穿插着"密"，使景物层次分明，形象突出。

密处不要过于集中和强烈，否则导致与整个画面不协调。

界面的转折处要注意疏和密的对比。

△ 画面疏密对比强烈，导致画面的整体感不强，过于……

画面处理——对比——疏密对比

◎ 艺术家需不断深入了解生活，收集各种素材，获取表现建筑的灵感，以使所绘出的建筑画的主体与环境更为贴切。

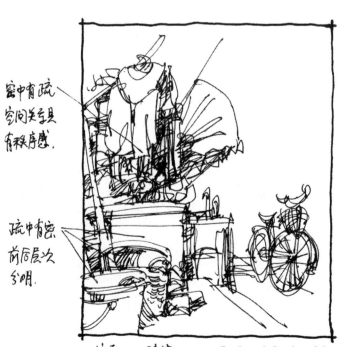

画面处理——对比——疏密对比

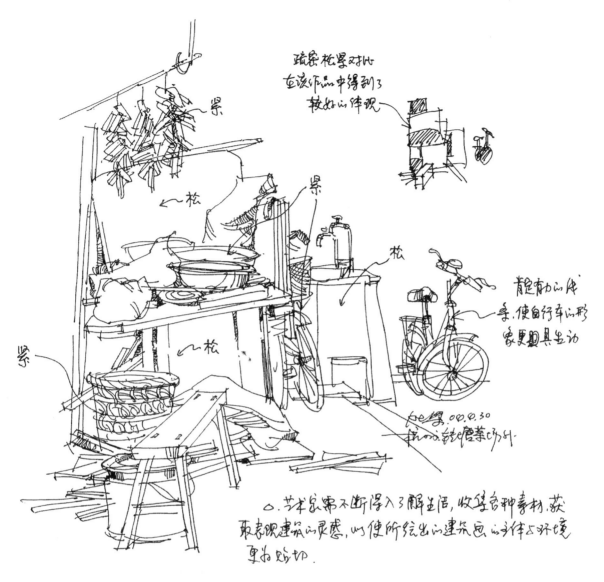

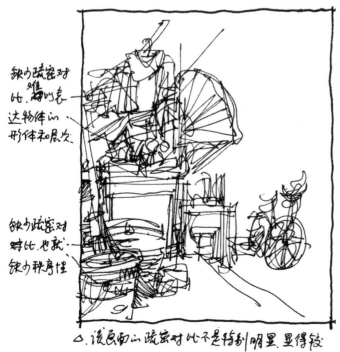

◎ 画面的处理离不开对比的手法，有对比才有主次和前后空间关系。钢笔画的对比手法可以是主次的虚实对比、明暗的黑白对比、形状的大小对比、线条的疏密对比等中的任何一种或几种。

◎ 在处理石头的手法上，概括、简练，以大块面积留白为主，整体感强，与线条密集的建筑形成对比，从而拉开石头与建筑的空间层次。

画面处理——对比——疏密对比

△ 该画面的线条组织缺少疏密对比，画面显得较为平淡。

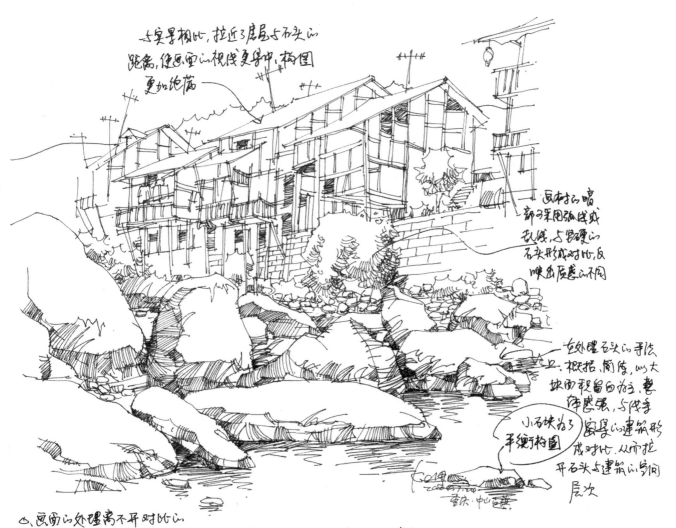

△ 画面的处理离不开对比的手法，有对比才有主次和空间关系。钢笔画的对比手法有主次的虚实对比、明暗的黑白对比、形状的大小对比、线条的疏密对比等。

◎ 学习建筑画，必须先要掌握透视的基本原理，作画时，只要遵循物象的近大远小、近高远低等规律，就不难表现建筑的空间关系。

◎ 远树的高度尽可能高出山的轮廓线，以使山体纳入画面。

画面处理——对比——疏密对比

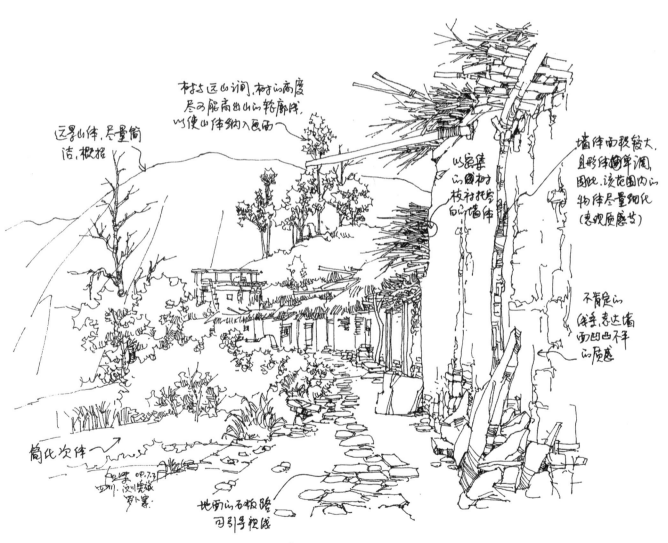

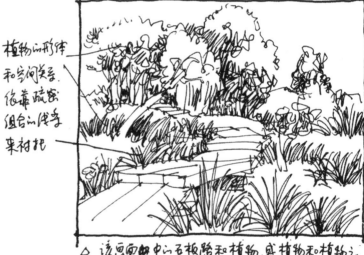

◎ 钢笔画的"疏密"是指单位面积内线条的密集程度。用线描的手法表现对象时，不管景物的复杂程度如何，只要疏密处理得当，就能把较复杂的空间层次有条不紊地表现出来。

◎ 树木形体本来是非规则的，但在表现时，应将其进行归纳、概括，形成某个体块。

画面处理——对比——疏密对比

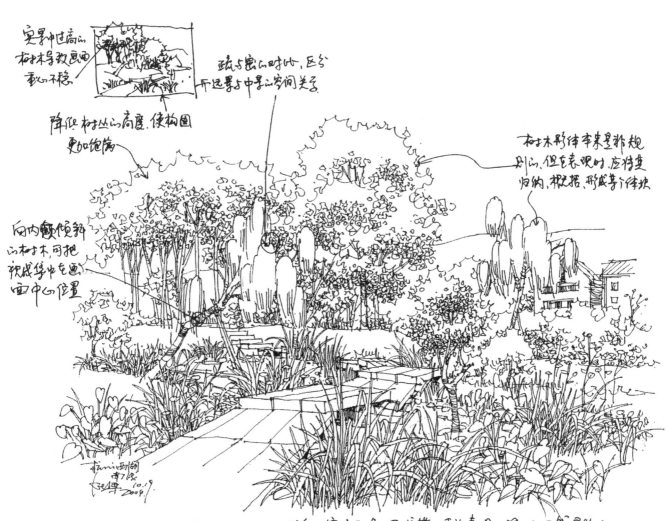

◎ 线条合理的经营，才能使画面"疏者不厌其疏，密者不厌其密，疏而不觉其简，密而空灵透气，开合自然，虚实相生"。

◎ 画面的处理手法和技巧都是为了塑造艺术形象，表达作画者对景物的感受。

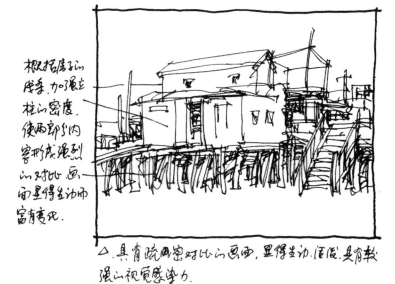

画面处理——对比——疏密对比

二〇三

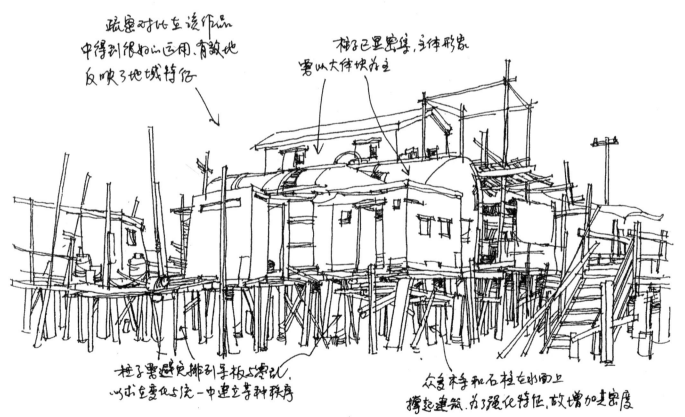

疏密对比在该作品中得到很好的运用，有效地反映了地域特色

柱子已显密集，主体形象要以大体块为主

柱子要避免排列呆板与零乱，以求在变化之中建立起秩序

众多木手和石柱在水面上撑起建筑，为了强化特征，故增加其密度

○、线条合理的经营，才能使画面"疏者不厌其疏，密者不厌其密，疏者不觉其简，密而空灵透气，开合有她，虚实相生"。
○、画面的处理手法和技巧都是为了塑造艺术形象，表达作者对景物的感受。

◎ 钢笔画的绘制十分简便，且笔调清劲，轮廓分明，其线条非常宜于表现建筑的形体结构，因此，钢笔画是建筑写生中最常见的一种表现形式。

◎ 线条是钢笔画中最基本的组成元素，具有较强的概括力和细节刻画力。

◎ 线条在画面中的不同运用和组合，反映出不同表现形式的画面效果。

画面处理——对比——疏密对比

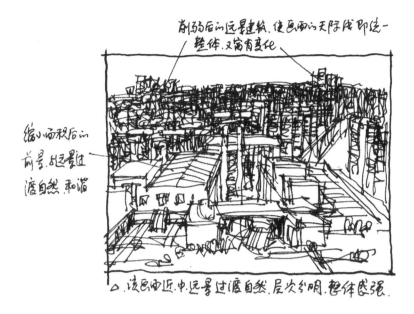

△ 该图由近、中、远景过渡自然，层次分明，整体感强。

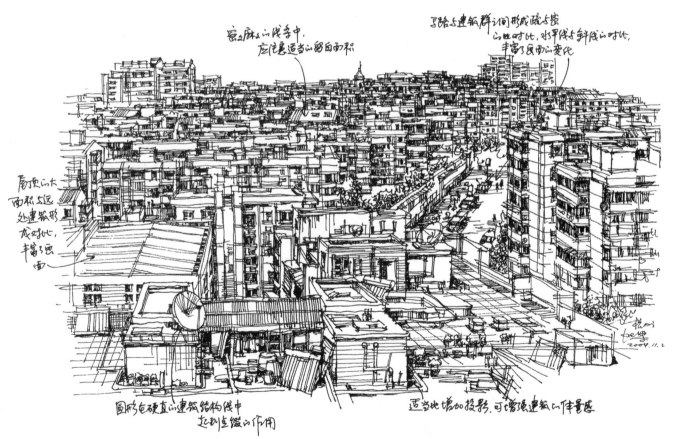

△ 钢笔画的线条虽简单，且笔调朴动，轮廓分明，建筑手绘常宜于表现建筑的形体结构。因此，钢笔画是建筑手绘中最常见的一种表现形式。
△ 线条是钢笔画中最基本的组成元素，具有较强的概括力和细节表现力。

△ 该画面以实际场景为写生对象，视觉中心的两棵树的方向过于一致，显得较为呆板，重心也有所倾斜（向右）。

◎ 明暗层次的表现是钢笔风景技法中常见的一种表现手法。明暗的渲染能更好地突出风景画的自然气氛，赋予画面韵味，增强了风景画的艺术感染力。

◎ 画面的"整体调整"在写生中是很重要的环节。根据构图需要，或为了强化空间的目的，用添加物体或深入明暗的方法进行调整。

△ 根据画面需要进行调整，使画面刻画更深入，构图更完整。

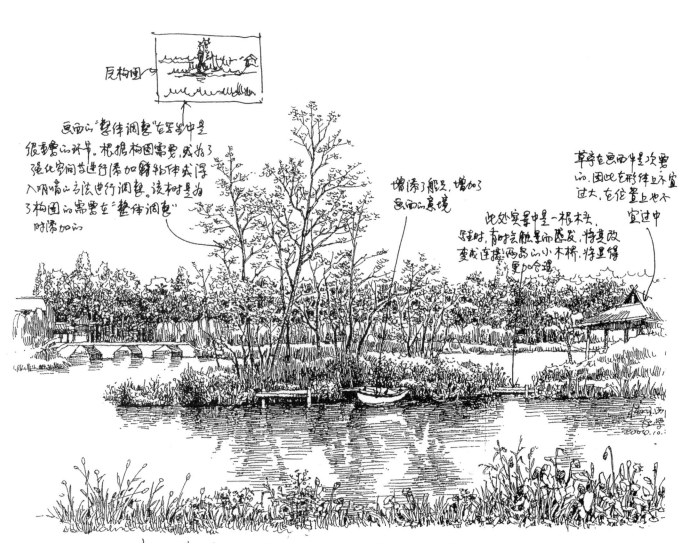

◎ 整体调整是指写生快完成时,需对整个画面进行全面的观察、适当的调整与处理,以求各个局部之间的关系能够更加协调,构图更加完整,画面更加统一。

增加物体,使屋面单一的画片产生变化。

视觉中心处应重点刻画,画面显得更加生动。

△ 经过调整和深入,该画面的内容和空间层次更加丰富,刻画也更加完整。

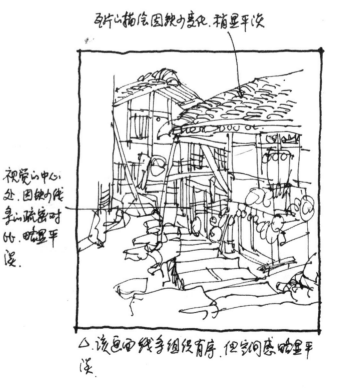

瓦片的描绘因缺少变化,稍显平淡。

视觉中心处,因缺少线条的疏密对比,略显平淡。

△ 该画面线条组织有序,但空间感略显平淡。

画面处理——对比——调整

二〇九